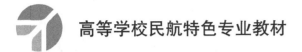

高等学校民航特色专业教材

# 程序管制

刘昕　杨群亭　潘志毅　主编

北京航空航天大学出版社

## 内 容 简 介

本书根据与程序管制服务相关的规定及要求,系统介绍了所需空管的一般规定和程序、飞行间隔标准、进近管制服务、区域管制服务、飞行进程单、程序管制模拟训练环境等内容。此外,还介绍了常用航空公司呼号、机场四字地名代码和常用机型性能数据图,供读者查阅。本书内容丰富,结构清晰,语言简练,图表生动,便于读者学习。

本书可作为高等院校相关专业的教材,也可作为从事空中交通管理的人员以及飞行技术人员的参考用书。

**图书在版编目(CIP)数据**

程序管制 / 刘昕,杨群亭,潘志毅主编. -- 北京：
北京航空航天大学出版社,2023.8
ISBN 978 - 7 - 5124 - 4143 - 9

Ⅰ. ①程… Ⅱ. ①刘… ②杨… ③潘… Ⅲ. ①空中交通管制—程序控制 Ⅳ. ①V355.1

中国图家版本馆 CIP 数据核字(2023)第 147207 号

**程序管制**

刘昕 杨群亭 潘志毅 主编
策划编辑 周世婷 责任编辑 孙兴芳

\*

北京航空航天大学出版社出版发行

北京市海淀区学院路 37 号(邮编 100191) http://www.buaapress.com.cn
发行部电话:(010)82317024 传真:(010)82328026
读者信箱:goodtextbook@126.com 邮购电话:(010)82316936
北京富资园科技发展有限公司印装 各地书店经销

\*

开本:787×1 092 1/16 印张:13.5 字数:346 千字
2023 年 8 月第 1 版 2023 年 8 月第 1 次印刷
ISBN 978 - 7 - 5124 - 4143 - 9 定价:45.00 元

# 前　　言

程序管制是一种根据飞行计划、无线电通信和雷达标图,对航空器飞行活动实施管制的方式。管制员通过飞行员的位置报告以及飞行计划推算确定航空器的位置,通过飞行进程单合理安排航空器的飞行秩序,调整航空器之间的飞行间隔,保障航空器的运行安全,按规定进行管制移交,以便为航空器提供连续不断的管制服务。

直到 20 世纪 80 年代,我国普遍都是采用程序管制的方式对航空器飞行活动实施管制。近年来,随着飞行流量的增加,雷达设备和相关监视设备的使用,程序管制服务逐步被监视管制服务所取代。目前在我国支线机场管制运行中,由于程序管制对设备要求低,易于提供空中交通管制服务,所以它依然发挥着极其重要的作用。在监视设备作用覆盖不到的偏远地区、洋区、极地航路上,程序管制依然作为主要的管制方式为航空器提供空中交通管制服务。程序管制也依然是监视设备失效时的备份管制手段。在国际民航组织和中国民用航空局制定的空中交通管制培训大纲中,"程序管制"是空中交通管制培训的核心课程之一。通过对该课程的学习,有助于管制学员建立空间概念,掌握飞行冲突预先判断与处理的技能,全面培养其情景意识的建立。

本书共分为 6 章,第 1 章为一般规定和程序,第 2 章为飞行间隔标准,第 3 章为进近管制服务,第 4 章为区域管制服务,第 5 章为飞行进程单,第 6 章为程序管制模拟训练。此外,本书还附有常用航空公司呼号、机场四字地名代码和常用机型性能数据图。在本书编写过程中,主要是依据我国民航相关规章,同时参考了国际民航组织的相关标准和建议措施。

本书由中国民航大学空中交通管理学院刘昕、杨群亭、潘志毅老师主编,其中第 1 章、第 2 章、第 5 章和第 6 章的内容由刘昕老师负责编写,第 3 章的内容由杨群亭老师负责编写,第 4 章的内容由潘志毅老师负责编写。

在此,感谢赵璐、程韬、牟龙芳、孙博等老师的无私帮助;特别感谢任成锁老师的鼎力相助,对本书提出了很多指导性意见,完善了各章节框架结构,保障了本书的顺利完成;另外,还要感谢山西空管分局白晨、华北空管局谷宁、江西空管分局傅小飞等民航局高级教员,他们对本书提出了宝贵意见。

由于编者水平有限,书中可能存在不妥和错误之处,敬请广大读者给予批评指正。

《程序管制》编写组

2023 年 4 月

# 目　　录

# 第1章　一般规定和程序

程序管制是根据飞行计划、无线电通信和雷达标图[①]，对航空器飞行活动实施管制的方式。管制员通过飞行员的位置报告以及飞行计划推算确定航空器的位置，通过飞行进程单合理安排航空器的飞行秩序，调整航空器之间的飞行间隔，保障航空器的运行安全，按规定进行管制移交。

自改革开放以来，军民航各级管制机构的职权划分进一步明确，机构设置、人员编制等日趋完善，以《中华人民共和国民用航空法》、《中华人民共和国飞行基本规则》、《中国人民解放军空军飞行管制条例》和《通用航空飞行管制条例》等法律法规为主的一系列空管法规的颁布和完善，为空管工作提供了有力的法律支撑。民航局为规范民航空管工作，根据上述法规，参照国际民航组织和其他国家的相关文件，制定颁布以《民用航空空中交通管理规则》为代表的一系列部门规章和相关规范性文件，为民航空管提供了工作规范。空管运行单位按照《民用航空空中交通管理规则》等相关要求制定本单位的运行手册，为空管运行制定运行细则，以保障本区域内民用航空器飞行活动的安全、有序和高效。本章主要介绍管制运行所需空域、管制单位的责任与划分、程序管制相关的协调与移交、在运行过程中对航空器速度的控制方法、在管制过程中高度表的拨正程序以及航空器的位置报告。

## 1.1　空　域

空域作为航空活动的物质空间，是空中交通服务（Air Traffic Service，ATS）提供者向空域用户提供服务的资源，具有自然属性和社会属性。为了实现空域资源的充分合理开发和安全高效利用，应对空域进行合理规划；为了优化配置空域资源，增加空域的安全水平，满足不同空域用户的使用需求，应对空域进行分类管理；为维护国家安全，兼顾军用、民用航空的需要和公众利益，应合理、充分、有效地利用空域。

### 1.1.1　空域概述

空域是地球表面以上有明确范围的空气空间，是可以进行航空活动和提供空管服务的物质空间。根据国际法的规定，空域可分为国际空域和国家空域。其中，国际空域是指毗邻

---

① 雷达标图：是指将一次雷达所探测到的空中航空器位置信息，连续不断地标绘在地图上形成飞行航迹的工作。程序管制是掌握飞行动态的重要方法之一，主要用于航路（线）飞行的专机、重要任务、作战训练等飞行动态监控，分为方位距离标图和方格标图。其中，方位距离标图是以雷达位置为基点，按雷达测定目标的方位角和距离来确定航空器位置；方格标图是把地图划分为若干方格按航空器所在的方格确定位置。

区①、专属经济区②、公海和不属于任何国家主权管辖范围内的土地(如南极洲大陆)上的空域；国家空域是指一个国家领陆和领水上空的空域。

空域是国家资源，应当根据空中交通流量分布情况、飞行活动要求、空域环境以及综合保障能力等因素对其进行合理、充分和有效的利用，同时应当根据所需提供空中交通服务类型设立相应的空中交通服务区域。

在空域的规划和使用过程中，应保证飞行安全，避免航空器与航空器、航空器与障碍物之间相撞，便于航空器驾驶员处置遇险等紧急情况；应当保证国家安全，适应国土防空和国家安全的要求；应当提高经济效益，对国家经济建设产生有利的影响和作用，有利于航空企业降低运营成本；应当便于提供空中交通服务，便于空中交通服务部门向运行中的航空器提供空中交通服务，满足空中交通服务对空域使用的需要；应当加速飞行活动流量，有利于维护并加速空中交通的有序活动；应当具备良好的适应性，适应不同类型的航空器不同时间和不同运行方式的要求；应当与国际通用规范接轨，尽可能符合《国际民用航空公约》及其附件和文件的技术标准和建议措施，便于国际、国内飞行的实施。

在空域的建设和使用过程中，应考虑空中交通流量分布情况，包括垂直和水平方向的分布；应考虑不同性质的空中飞行活动对空域和空中交通服务的不同要求；应考虑空域环境的影响，包括地形、地貌、机场以及其他限制因素；应考虑城市建设及安全保障要求；应考虑空中交通保障系统，包括通信、导航、监视、气象和航空情报的综合能力；应考虑空中交通管制服务的手段和方式；应考虑空域用户对空域的特殊要求。

## 1.1.2　空域分类

空域应当根据航路、航线结构、通信、导航、气象和监视设施以及空中交通服务的综合保障能力划分，以便对所划空域内的航空器飞行提供有效的空中交通服务。按照国际民航组织的分类标准，将空域分为 A、B、C、D、E、F、G 七类空域，为不同类型空域内的航空器提供不同类型的服务(见表 1-1)。在我国飞行情报区内，沿航路、航线地带和民用机场区域设置高空管制区、中低空管制区、终端(进近)管制区和机场塔台管制区(见表 1-2)。

表 1-1　ICAO 空域类型表

| 空域类型 | 飞行种类 | 间隔配备 | 提供的服务 | 速度限制 | 无线电通信需求 | ATC 许可 |
|---|---|---|---|---|---|---|
| A | 仅限 IFR | 一切航空器 | 空中交通管制服务 | 不适用 | 持续双向 | 需要 |
| B | IFR | 一切航空器 | 空中交通管制服务 | 不适用 | 持续双向 | 需要 |
| | VFR | 一切航空器 | 空中交通管制服务 | 不适用 | 持续双向 | 需要 |

---

①　毗邻区：是指沿海国根据其国内法，在临海之外邻接领海的一定范围内，为了对某些事项行使海关、财政、移民和卫生等必要的管制权，而设立的特殊海域。

②　专属经济区：又称经济海域，是指国际公法中为解决国家或地区之间的因领海争端而提出的一个区域概念。专属经济区是指领海以外并邻接领海的一个区域，从测算领海宽度的基线量起，不应超过 200 n mile(370.4 km)，除去离另一个国家更近的点。

| 空域类型 | 飞行种类 | 间隔配备 | 提供的服务 | 速度限制 | 无线电通信需求 | ATC许可 |
|---|---|---|---|---|---|---|
| C | IFR | IFR 与 IFR<br>IFR 与 VFR | 空中交通管制服务 | 不适用 | 持续双向 | 需要 |
| C | VFR | VFR 与 IFR | 为 VFR 与 IFR 之间提供间隔服务；为 VFR 与 VFR 提供交通情报（根据要求提供避让建议） | AMSL 10 000 ft 以下：IAS 为 250 节 | 持续双向 | 需要 |
| D | IFR | IFR 与 IFR | 空中交通管制服务，提供关于 VFR 飞行的交通情报（根据要求提供避让建议） | AMSL 10 000 ft 以下：IAS 为 250 节<br>（1 ft＝0.304 8 m） | 持续双向 | 需要 |
| D | VFR | 不配备 | 提供其他飞行的交通情报（根据要求提供避让建议） | AMSL 10 000 ft 以下：IAS 为 250 节 | 持续双向 | 需要 |
| E | IFR | IFR 与 IFR | 空中交通管制服务，尽可能提供关于 VFR 飞行的交通情报 | AMSL 10 000 ft 以下：IAS 为 250 节 | 持续双向 | 需要 |
| E | VFR | 不配备 | 尽可能提供交通情报 | AMSL 10 000 ft 以下：IAS 为 250 节 | 不需要 | 不需要 |
| F | IFR | IFR 与 IFR（尽可能） | 空中交通咨询服务，飞行情报服务 | AMSL 10 000 ft 以下：IAS 为 250 节 | 持续双向 | 不需要 |
| F | VFR | 不配备 | 飞行情报服务 | AMSL 10 000 ft 以下：IAS 为 250 节 | 不需要 | 不需要 |
| G | IFR | 不配备 | 飞行情报服务 | AMSL 10 000 ft 以下：IAS 为 250 节 | 持续双向 | 不需要 |
| G | VFR | 不配备 | 飞行情报服务 | AMSL 10 000 ft 以下：IAS 为 250 节 | 不需要 | 不需要 |

注：ATC：Air Traffic Control，空中交通管制；IFR：Instrument Flight Rule，仪表飞行规则；VFR：Visual Flight Rule，目视飞行规则；AMSL：Above Mean Sea Level，平均海平面以上；IAS：Indicated Air Speed，指示空速。表 1－2 中的与此相同。

**表 1－2 我国空域对空中交通服务和飞行的要求**

| 类 型 | 飞行种类 | 间隔配备 | 提供服务 | VMC 能见度和与云距离限制 | 速度限制 | 无线电通信要求 | ATC许可 |
|---|---|---|---|---|---|---|---|
| 高空管制空域 | 仅限 IFR | 所有航空器 | ATC 服务 | 不适用 | 不适用 | 持续双向 | 需要 |

| 类 型 | 飞行种类 | 间隔配备 | 提供服务 | VMC 能见度和与云距离限制 | 速度限制 | 无线电通信要求 | ATC许可 |
|---|---|---|---|---|---|---|---|
| 中低空管制空域 | IFR | 所有航空器 | ATC 服务 | 不适用 | 不适用 | 持续双向 | 需要 |
| | VFR | 所有航空器 | ATC 服务 | AMSL 3 000 m 及以上时能见度 8 km；AMSL 3 000 m 以下时能见度 5 km。无云 | 不适用 | 持续双向 | 需要 |
| 进近管制空域 | IFR | IFR 与 IFR | ATC 服务 | 不适用 | 不适用 | 持续双向 | 需要 |
| | VFR | VFR 与 IFR | 1. 配备与 IFR 间隔的 ATC 服务；2. VFR 与 VFR 之间的交通情报和根据要求提供避让建议 | AMSL 3 000 m 及以上时能见度 8 km；AMSL 3 000 m 以下时能见度 5 km。离云水平距离 1 500 m，垂直距离 300 m | AMSL 3 000 m 及以下，IAS 不得大于 250 节 | 持续双向 | 需要 |
| 机场管制地带 | IFR | IFR 与 IFR | 包括 VFR 飞行交通情报的 ATC 服务和根据要求提供交通避让建议 | 不适用 | AMSL 3 000 m 及以下，IAS 不得大于 250 节 | 持续双向 | 需要 |
| | VFR | 不配备 | VFR 和 IFR 之间的交通情报和根据要求提供交通避让建议 | AMSL 3 000 m 及以上时能见度 8 km；AMSL 3 000 m 以下时能见度 5 km。离云水平距离 1 500 m，垂直距离 300 m 以上 | AMSL 3 000 m 及以下，IAS 不得大于 250 节 | 持续双向 | 需要 |

**1. 高空管制空域**

在我国境内标准大气压高度 6 000 m(不含)以上的空间,可以划设高空管制空域。在此空域内飞行的航空器必须按照仪表飞行规则飞行,并接受空中交通管制服务。

**2. 中低空管制空域**

在我国境内标准大气压高度 6 000 m(含)至其下某指定高度的空间,可以划设中低空管制空域。在此类空域内飞行的航空器,可以按照仪表飞行规则飞行,并接受空中交通管制服务;对符合目视气象条件的,经航空器驾驶员申请,并经过相应的管制单位批准,也可以按照目视飞行规则飞行,并接受空中交通管制服务。

### 3. 进近管制空域

进近管制空域通常是指在一个或者几个机场附近的航路、航线汇合处划设的、便于进场和离场航空器飞行的管制空域。它是高空管制空域或者中低空管制空域与机场管制地带之间的连接部分,其垂直范围通常在 6 000 m(含)以下最低高度层以上;水平范围通常为半径 50 km或者走廊进出口以内的除机场塔台管制区以外的空间。在此空域内飞行的航空器,可以按照仪表飞行规则飞行,并接受空中交通管制服务;如果符合目视飞行规则的条件,经航空器驾驶员申请,并经相应的管制单位批准,也可以按照目视飞行规则飞行,并接受空中交通管制服务。

### 4. 机场管制地带

机场管制地带通常包括起落航线和最后进近定位点之后的航段以及第一个等待高度层(含)以下至地球表面的空间和机场机动区。在此类空域内飞行的航空器,可以按照仪表飞行规则飞行,并接受空中交通管制服务;对符合目视气象条件的,经航空器驾驶员申请,并经塔台管制单位批准,也可以按照目视飞行规则飞行,并接受空中交通管制服务。

## 1.1.3　空域划分

空中交通服务是空中交通管理的主要组成部分,包括空中交通管制服务、飞行情报服务和告警服务,其中,空中交通管制服务包括机场管制服务、进近管制服务和区域管制服务。确定需要提供空中交通服务后,应当根据所需提供的空中交通服务类型设立相应的空中交通服务区域,如飞行情报区(FIR)、高空管制区、中低空管制区、终端管制区、进近管制区、机场塔台管制区、航路和航线等。其中,管制区的划设,也应当与通信、导航、监视和气象等设施的建设和覆盖情况相适应,并考虑管制单位之间的协调需要,以便能够有效地向区域内所有飞行的航空器提供管制服务。

### 1. 飞行情报区

飞行情报区是为提供飞行情报服务和告警服务而划定的空间范围。我国飞行情报区包括领空以及根据我国缔约或者参加的国际公约确立由我国提供空中交通服务的空域,其划设、调整由国务院民用航空主管部门会同中国人民解放军空军提出方案报中央空管委批准,飞行情报区的部分调整报中国人民解放军总参谋部批准。我国共划分为沈阳、北京、上海、广州、昆明、武汉、兰州、乌鲁木齐、三亚、香港和台北 11 个飞行情报区。飞行情报服务和告警服务由所在飞行情报中心或者指定的空中交通管制单位负责。

飞行情报区内可把空域分成管制空域和非管制空域两种,管制空域由管制区和管制地带组成,管制区的主要形式是航路/航线和进近管制区。在管制空域内提供空中交通管制服务、飞行情报服务和告警服务;在非管制空域内提供飞行情报服务和告警服务。机场管制服务在管制地带提供,进近管制服务在进近管制区提供,区域管制服务在航路/航线上提供(见图 1-1)。

在飞行情报区内还设有一些特殊区域,比较典型的区域有禁区、限制区和危险区。这些区域在航图上都有明确的标示,以避免航空器飞入其中造成危害。

### 2. 区域管制区

(1) 划设范围

高空管制区和中低空管制区统称为区域管制区,区域管制区的范围应当包含按照仪表飞

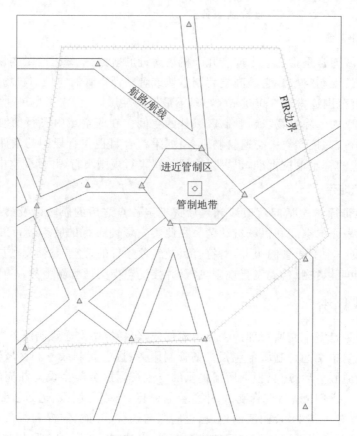

**图 1 - 1　空域平面图**

行规则运行的所有航路和航线,以及仪表等待航线区域和空中放油区等特殊飞行区域,但是终端(进近)管制区和机场塔台管制区除外。

区域管制区的上限应当根据空中交通管制服务的情况确定,取某个飞行高度层为其上限值;下限通常在距离地面或者水面 200 m 以上,或者为终端(进近)管制区或者机场塔台管制区的上限。

区域管制区的水平边界设置,应当尽量避免出现以下情形:

① 管制区边界划设在航路或者航线的侧向缓冲区内;

② 航路或者航线短距离穿越某管制区,将会导致管制移交频繁;

③ 管制区边界设在航空器爬升或者下降阶段的航路、航线上,将会导致航空器在爬升或者下降阶段进行管制移交;

④ 来自几个管制区的多条航路、航线的汇聚点距离管制区边界较近,将会导致汇聚点附近区域管制工作难度加大。

(2) 划设原则

区域管制区的划设,必须与通信、导航、监视和气象等设施的建设和覆盖情况相适应,并考虑管制单位之间的协调需要,以便能够有效地向区域内所有飞行的航空器提供空中交通服务。

确定区域管制区边界应当考虑航空器绕飞雷雨区等特殊运行的要求,实现管制移交点附近的通信覆盖。

（3）识别标志

区域管制区应当以向该区域提供管制服务的空中交通管制单位所在城市的名称加上高空或者中低空管制区作为识别标志,其名称、范围、责任单位、通信频率以及其他要求的信息应按照航空情报发布规定予以公布,如图1-2所示。

**图 1-2　区域管制信息**

### 3. 终端(进近)管制区

若机场附近进场和离场航线飞行比较复杂,或者一个或几个邻近机场全年总起降架次超过 36 000 架次,就应当考虑设立终端或者进近管制区,以便为进场、离场飞行的航空器提供安全、高效的空中交通管制服务。通常情况下,在终端管制区内同时为两个或者两个以上机场的进场和离场飞行提供进近管制服务,在进近管制区内为一个机场的进场和离场飞行提供进近管制服务。

（1）划设范围

终端(进近)管制区可以包含在高空、中低空管制区或者机场塔台管制区内,上限通常不超过标准大气压高度 6 000 m,并应当取某个飞行高度层为上限值;下限通常应当在距离地面或者水面 200 m 以上,或者为机场塔台管制区的上限。

终端(进近)管制区边界的设置,应当尽量避免出现以下情形:

① 管制区边界划设在航路或者航线的侧向缓冲区内;

② 航路、航线飞行与进离场飞行之间的空间界定模糊,将会导致飞越航空器与进离场航空器的飞行高度相互穿插;

③ 航路、航线短距离穿越某终端(进近)管制区,将会导致管制移交频繁;

④ 管制区边界设置在航空器爬升或者下降阶段的航路、航线上,将会导致在爬升或者下降阶段进行管制移交;

⑤ 来自几个管制区的多条航路、航线的汇聚点距离管制区边界较近,将会导致汇聚点附近管制工作难度加大。

（2）划设原则

终端（进近）管制区应当包含仪表着陆、起飞及必要的等待空域，并兼顾航路或者航线飞行阶段与进离场飞行的衔接。特殊情况下，终端（进近）管制区也可以包含部分飞越的航路、航线，或者将部分进离场航线交由区域管制负责。

终端（进近）管制区的设计应当满足飞行程序设计的要求，其水平和垂直范围在符合有关标准的情况下，应当尽量减少对空中交通服务和航路、航线运行的限制。终端（进近）管制区的划设，应当与通信、导航、监视和气象等设施的建设和覆盖情况相适应，并考虑管制单位之间的协调需要，以便能够有效地向区域内所有飞行的航空器提供管制服务。

（3）识别标志

终端（进近）管制区应当以向该区域提供管制服务的空中交通管制单位所在城市的名称加上终端或者进近管制区作为识别标志，其名称、范围、责任单位、通信频率以及其他要求的信息应按照航空情报发布规定予以公布。

**4. 机场管制地带**

民用机场应当根据机场及其附近空中飞行活动的情况建立机场管制地带，以便在机场附近空域内建立安全、顺畅的空中交通秩序。一个机场管制地带可以包括一个机场，也可以包括两个或者两个以上位置紧邻的机场。

机场管制地带应当包括所有不在管制区内的仪表进离场航线，并考虑机场能够运行的所有类型航空器的不同性能要求。机场管制地带通常是圆形或者椭圆形的，但是如果只有一条跑道或者是为了方便目视推测领航而利用显著地标来描述机场管制地带的，也可以是多边形的。

划设机场管制地带，不得影响不在机场管制地带内邻近机场的飞行活动。通常选择机场基准点或机场导航设施位置点（距离机场基准点小于 1 km）作为划设机场管制地带的基准点，其上限通常为终端（进近）管制区或者区域管制区的下限，下限为地面或者水面。

机场管制地带通常使用机场名称加上机场管制地带进行命名，其名称、范围、空域类型以及其他要求的信息，应按照航空情报发布规定予以公布。

**5. 机场塔台管制区**

设立管制塔台的机场应当划设机场塔台管制区。机场塔台管制区应当包含机场管制地带，如果机场在终端（进近）管制区的水平范围内，则机场塔台管制区的范围通常与机场管制地带的范围一致。机场塔台管制区通常应当使用机场名称加上塔台管制区命名，其名称、范围、责任单位、通信频率、空域类型以及其他要求的信息，应按照航空情报发布规定予以公布。

**6. 航路和航线**

（1）基本定义

航路是为航空器飞行划定的具有一定宽度和高度范围，设有导航设施或者对航空器有导航要求的空中通道，分为国内航路和国际航路。其中，国内航路供本国航空器使用，国际航路供本国航空器和外国民用航空器使用。

航线是航空器从地球表面一点飞至另一点的预定飞行路线。航线的方向和长度分别用磁航线角和航线距离表示。根据计算航线角和航线距离的方法不同，航线可分为等角航线和大圆圈航线;按照允许使用时间的限制,航线可分为固定航线和临时航线;按起讫点和经停点的归属国家,航线可分为国际航线和国内航线,其中国内航线又可分为干线航线和支线航线。

(2) 相关规定

航路和航线的划设,应当充分考虑所经地区的地形、气象特征以及附近的机场和空域,充分利用地面导航设施,方便航空器飞行和提供空中交通服务。

航路和航线的建设和使用,应当有利于提高航路和航线网的整体运行效率,并且符合下列基本准则:

① 航路或者航线应当根据运行的主要航空器的最佳导航性能划设。

② 中高密度的航路或者航线应当划设分流航线,或者建立支持终端、进近管制区空中交通分流需要的进离场航线。

③ 航路或者航线应当与等待航线区域侧向分离开。

④ 最多可以允许两条空中交通密度较高的航路或者航线汇聚于一点,但是其交叉航迹不得大于 90°。

⑤ 最多可以允许三条空中交通密度较低的航路或者航线汇聚于一点。

⑥ 航路或者航线的交叉点应当保持最少,并避免在空中交通密度较大的区域出现多个交叉点;交叉点不可避免的,应当通过飞行高度层配置减少交叉飞行冲突。

空中交通管制航路的宽度为 20 km,其中心线两侧各 10 km,如航路的某一段受到条件限制,其宽度可以减小,但不得小于 8 km。航路和航线的高度下限不应低于最低飞行高度层,其上限与飞行高度层的上限一致。

(3) 代号规范

1) 指配规定

航路和航线必须指配能够被唯一识别的代号,且应当在一定范围内由指定的机构或者部门进行协调,以免出现重复。

2) 指配目的

代号指配后无需借助于地面坐标或者其他方法即可明确识别任何空中交通服务航路或者航线;通过代号可以明确航路或者航线的性质和类型;涉及区域导航航路的,还可指明所需导航性能的准确性;还能指明一条主要或者专门用于某种类型航空器运行的航路和航线。

3) 遵循原则

为航路(线)指配的代码,能够简单识别任意一条空中交通服务航路(线),避免其代号的重复;为了方便地面和自动化系统的应用,满足空中交通服务和航空器数据处理及显示的需要,指配的代码应尽可能简短;充分考发展的可能性,指配的代码未来无需作根本变动;在代码辨析方面,应能够清楚区分离场航线与进场航线,能够区分进离场航线与其他空中交通服务航路(线),能够区分利用地面无线电导航设施或者机载导航设备进行领航的航路(线)与利用目视地标进行领航的航路(线);进离场航线应当使用一个明语代号或者一个相对应的编码代号予以识别,对于明语代号,应易于辨别代号是关于标准进场或者离场的航线,且不应造成航空器驾驶员和空中交通服务人员在发音上产生困难。

4) 代号组成

为航路(线)(除进离场航线外)指配代号时,代号应当含有基本代号,必要时可以补充一个前置字母或者一个后置字母。基本代号应当包含一个字母,其后随以 1~999 之间的某个数字。航路(线)指配的代号字符数通常不多于 5 个,任何情况下不得超过 6 个。

基本代号 A、B、G、R 用于地区航路网组成中的空中交通服务航路(线),L、M、N、P 用于地区航路网组成中的区域导航航路,H、J、V、W 用于非地区航路网组成中的空中交通服务航路(线),Q、T、Y、Z 用于非地区航路网组成中的区域导航航路。在基本代号之前加前置字母时,K 表示主要为直升机划设的低空航路(线),U 表示航路(线)或者其中的部分航段划设在高空空域,S 表示专门为超声速航空器加速、减速和超声速飞行而划设的航路(线)。在基本代号之后加后置字母表示航路(线)提供服务的种类或者所需的转向性能,在飞行高度层 6 000 m(含)以上的所需导航性能类型 1(RNP1)的航路,Y 表示航路上在 30°~90°之间的所有转弯,必须在直线航段间正切圆弧允许的所需导航性能精度容差内进行,并限定转弯半径为42 km;在飞行高度层 5 700 m(含)以下的所需导航性能类型 1(RNP1)航路,Z 表示航路上 30°~90°之间的所有转弯必须在直线航段间正切圆弧允许的所需导航性能精度容差内进行,并限定转弯半径为 28 km;D 表示航路(线)或者部分航段只提供咨询服务;F 表示航路(线)或者部分航段只提供飞行情报服务。

在进离场阶段,依据路基导航设施规划的传统进离场航线指配代号由明语代号和编码代号组成,其中明语代号包括基本指示码和航路指示码,基本指示码是一条标准离场航线的终点或者一条标准进场航线的起点的名称或者名称代码,航路指示码是从 01~09 之间的某个数字,后随"进场(arrival)"或者"离场(departure)"字样,如果该进离场航线是供航空器按照目视飞行规则飞行使用而划设的,则增加"目视(visual)"字样;编码代号包括基本指示码和航路指示码,基本指示码是标准离场航线的终点或者标准进场航线的起点的编码代号或者名称代码,航路指示码是从 01~09 之间的某个数字,后随字母 A 表示进场航线,字母 D 表示离场航线。

在进离场阶段,区域导航程序指配代号由明语代号和编码代号组成,其中明语代号包括"RNAV"、基本指示码、航路指示码、"进场(arrival)"或者"离场(departure)"和跑道代码,基本指示码是进近程序开始实施的重要点的名称或者名称代码,航路指示码是从 01~09 之间的某个数字;编码代号包括"RNAV"、基本指示码、航路指示码、"A"或"D"和跑道代码,其中,基本指示码是进近程序开始实施的重要点的编码代号或者名称代码,航路指示码是从 01~09 之间的某个数字,A 表示进场航线,D 表示离场航线。

5)代号使用

航路(线)(除进、离场航线外)代号,在印字通信中,任何时候均应当以不少于两个且不多于六个的字符表示;在话音通信时,代号的基本字母应按照国际民航组织的规定发音,如代号中含有前置字符,在话音通信时 K 发音为 KOPTER 、U 发音为 UPPER,S 发音为 SUPER-SONIC。由于航空器上显示设备的限制,代号的后置字符可能无法显示,此时,航空器驾驶员在通话中可以不使用代号的后置字符。

进离场航线代号,在话音通信中,应当只使用航线的明语代号,且明语代号中的"离场(departure)""进场(arrival)""目视(visual)"等词须作为明语代号的必要组成部分;在印字或者编码通信中,应当只使用编码代号。

**7. 等待航线区域**

(1)划设目的

等待航线区域是为了解决或者缓解航空器在空中飞行过程中已经或者将要出现的矛盾冲

突,在航路、航线或者机场附近划设的用于航空器盘旋等待或者上升、下降的区域。

（2）考虑因素

确定是否需要划设等待航线区域,应当考虑以下因素:

① 附近的空域、航路和航线的布局;

② 空中交通密度、复杂程度以及空中交通管制的需要程度;

③ 需要等待的航空器的性能。

（3）划设原则

划设等待航线区域通常利用有效的全向信标台和测距台来准确定位,进入航向应当朝向或者背向用于定位的全向信标台和测距台,以提高航空器在等待航线区域内的导航精度。例如,利用无方向信标台划设等待航线区域,等待航线的定位点应当设置在无方向信标台的上空。此外,划设等待航线区域应按照等待航空器的性能和飞行程序设计规范进行,并且与周围空域、航路、航线和障碍物保持安全的缓冲区。

划设和使用等待航线区域,应当明确等待高度的气压基准面。等待高度在机场过渡高度（含）以下的,其气压基准面应当为修正海平面气压;等待高度在机场过渡高度层（含）以上的,其气压基准面应当为标准大气压;过渡高度和过渡高度层之间的部分不得用于空中等待飞行。

（4）识别代号

等待航线区域应当使用标定等待航线区域的导航设施的名称或者代码命名,其名称、范围、使用限制以及其他要求的信息,应按照航空情报发布规定予以公布。

**8. 特殊区域**

特殊区域是指用于特殊用途的空域,包括空中放油区、试飞区域、训练区域、空中禁区、空中限制区、空中危险区和临时飞行空域。

空中放油区应当根据机场能够起降的最大类型的航空器所需的范围确定,并考虑气象条件和环境保护等方面的要求;试飞区域应当根据试飞航空器的性能和试飞项目的要求确定;训练区域应当根据训练航空器的性能和训练科目的要求确定;空中禁区、空中限制区和空中危险区应根据国家有关规定划设;根据空域使用的要求,按照国家规定可以划设临时飞行空域。临时飞行空域应当尽量减少对其他空域或者飞行的限制,使用完毕后及时撤销。

特殊区域应当确保与周围空域、航路和航线之间的侧向和垂直缓冲区。无法保证要求的侧向或者垂直缓冲区,经批准可以适当缩小,但必须在通信、导航或者监视等方面予以保障。

空中禁区、空中限制区和空中危险区应当使用代号识别,并按照航空情报发布规定公布名称或代号、限制范围、限制条件、活动性质以及其他要求提供的内容。

## 1.1.4　扇区划设

为了充分合理地利用空域资源,有效地减轻管制人员的工作负荷,降低无线电陆空通话频次,提高空中交通服务水平,管制单位可以根据有关规定,将其管制责任范围分为若干空中交通管制扇区。

**1. 划设目的**

管制扇区划设目的是充分有效地利用空域资源,有效地减轻管制人员的工作负荷,降低无线电陆空通话频次,提高空中交通服务水平。

**2. 考虑因素**

管制扇区是空中交通管制服务的基础单元,也是空域的重要组成部分。管制扇区的划设应当考虑以下因素:

① 本地区空域结构、机场布局。

② 空中交通管制航路网,包括航路和航线数量、交叉点数量及位置;航空器飞行状态的飞行情况,如平飞、上升、下降的比例。

③ 空中交通流量。

④ 航空器活动的地理分布。

⑤ 管制员能力。

⑥ 通信、导航、监视设备能力。

⑦ 机场及跑道情况。

⑧ 飞行剖面。

⑨ 空域需求。

⑩ 空中交通服务方式。

⑪ 与其他单位的协调。

⑫ 航空器转换扇区飞行的航路及高度。

⑬ 扇区之间的移交条件。

**3. 划设原则**

划设管制扇区时应当保证管制扇区范围内达到地空通信信号覆盖,并根据通信信号覆盖状况确定最低航路通信覆盖高度。划设管制扇区应当考虑通信频道的拥挤程度,适当平衡各管制扇区单位时间内的地空通话量。

划设管制扇区时应当考虑管制扇区内的导航设施布局。导航设施多,则表明航线交叉多,飞行冲突多,所需雷达引导少,航空器可以按照导航设施确定精确的位置,减轻管制员的工作量。

划设管制扇区应当考虑管制扇区内航空器的飞行性能和运行类型。适用于高速航空器活动的管制扇区,其范围应当适当扩大,便于大的转弯半径的活动;适用于慢速航空器活动的管制扇区,应当尽可能在本管制扇区内解决所有的交叉冲突。

划设管制扇区应当考虑空中交通管制的需要,避免不必要的管制通报和协调。划设管制扇区应当具有逻辑性,便于管制员掌握。管制扇区的边界应当避免重叠交叉。

划设管制扇区时应当考虑管制员注意力的分配和工作负荷,并考虑如下因素:

① 管制扇区的划设应当有利于管制员将注意力集中在特定区域内的所有飞行活动,且管制员不应当受到较多的干扰。

② 雷达管制扇区的划设应当有利于管制员将注意力集中到雷达屏幕上,减少雷达屏幕上视频图像对管制员的干扰,减少协调移交的工作量。

③ 根据管制扇区内航空器的运行类型,应当限定管制员同一时间最多可以管制的航空器的架次。

④ 雷达管制扇区应当考虑雷达引导、排序等因素,为管制员提供足够的调配空间。

### 4. 划设方法

目前通常按照平面几何象限、空间高度、繁忙程度、航路结构等特点进行扇区划设,在保障安全的前提下均衡管制负荷、提升管制运行效率、增大空域容量,从而提高空域资源规划与配置的合理性。

① 平面几何象限划分。以主要机场或者主要导航设施(如 VOR/DME)为中心,根据空中交通流量分布特点,将整个区域采用几何划分的办法划设管制扇区,合理分配工作量。

② 按照高度划分管制扇区。根据上升、下降和飞越的高度,选定区域内的高度界定值,在该值附近确定管制扇区的高度范围。

③ 按照航路、航线的繁忙程度、使用性质和飞行特点划分管制扇区。根据进离场航线的单向进出特点和航路飞行交叉冲突矛盾点的分布,选定比较繁忙的几条航路、航线,将这些航路、航线合理地分配至相应的管制扇区,使得管制员的注意力能够集中在这些主要的航路、航线上,做到工作负荷比较平均。

随着日益增长的交通需求以及复杂多变的运行环境,当原有的扇区划设不能满足运行要求时,应积极探索科学合理的扇区划设优化方法,结合主要交通流运行特点及静态扇区结构,持续优化管制扇区构型。

### 5. 开放时间

管制扇区通常应当明确开放的时间。管制单位应当根据本管制区空中交通流量随着时间变化的特点,确定管制扇区的开放、关闭和合并时间,做到管制扇区的灵活使用。

### 6. 名称和代码指配

管制扇区名称采用管制单位加管制扇区代码的最后两位数的办法来指配,如武汉区域 02 号扇区。

管制扇区代码为八位数字或者字母,前六位为字母,后两位为数字。其中,前四位字母为管制单位所在地的四字代码,如武汉为 ZHHH;第五和六两位字母标明管制扇区的性质,即 TM——终端管制扇区,AP——进近管制扇区,AR——区域管制扇区;最后两位数字表示该区域内扇区的序列号,如 ZHHHAR02 表示武汉区域 02 号管制扇区。

# 1.2　空中交通服务的职责与分工

为了对管制区、管制地带和机场范围内的航空器提供空中交通管制服务、飞行情报服务和告警服务,应当设立管制单位并明确各管制单位的职责与分工。空中交通服务是空中交通管制服务、飞行情报服务和告警服务等不同含义的总称。空中交通管制服务的目的是防止航空器与航空器相撞及在机动区内航空器与障碍物相撞,维护和加快空中交通的有序流动;飞行情报服务的目的是向飞行中的航空器提供有助于安全和有效地实施飞行的建议和情报;告警服务的目的是向有关组织发出需要搜寻援救航空器的通知,并根据需要协助该组织或者协调该项工作的进行。

## 1.2.1　提供空中交通管制服务的责任

空中交通服务包括空中交通管制服务、飞行情报服务和告警服务,其中空中交通管制服务又包括机场管制服务、进近管制服务和区域管制服务,如图 1 - 3 所示。

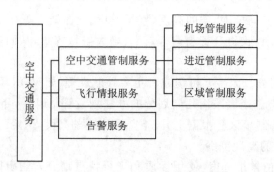

图 1 - 3 空中交通服务关系

**1. 机场管制服务**

机场管制服务是指向在机场机动区内运行的航空器以及在机场附近飞行且接受进近和区域管制以外的航空器提供的空中交通管制服务。

机场管制服务应当由机场管制塔台提供。

**2. 进近管制服务**

进近管制服务是指向进场或者离场飞行阶段接受管制的航空器提供的空中交通管制服务。

进近管制服务应当由进近管制单位负责提供。如果没有设立单独的进近管制单位,则进近管制服务可以由主要负责提供机场管制服务的塔台管制单位提供,或者由主要负责提供区域管制服务的区域管制单位提供。

**3. 区域管制服务**

区域管制服务是指向接受进近管制服务以外,在航路飞行阶段的航空器提供的空中交通管制服务。

区域管制服务应当由区域管制单位负责提供。如果没有设立区域管制单位,则区域管制服务可以由主要负责提供进近管制服务的单位提供。当区域管制单位和进近管制单位不能提供区域管制服务时,区域管制服务可以由塔台管制单位提供,如图 1 - 4 所示。

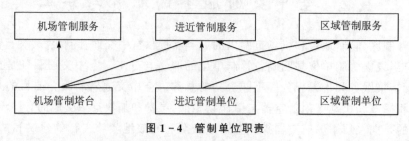

图 1 - 4 管制单位职责

## 1.2.2 提供飞行情报服务和告警服务的责任

在飞行情报区内,飞行情报服务和告警服务通常由飞行情报中心提供,除非是将该职责指定给某一有足够设施履行此项职责的空中交通管制单位。

在管制空域及在管制机场内,飞行情报服务和告警服务由相关的空中交通管制单位提供。

## 1.2.3　空中交通管制单位间管制责任划分

有关 ATS 当局应当为每个空中交通管制单位指定责任范围,适用时,为空中交通管制单位内的每个管制扇区指定责任范围。在一个管制单位或扇区内存在不止一个空中交通管制席位时,应当明确每个管制席位的责任和职责。管制单位工作流程如图 1-5 所示。

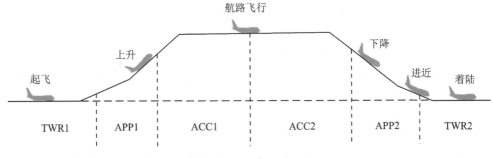

**图 1-5　管制单位工作流程**

**1. 机场管制塔台与进近管制单位之间**

航空器只接受机场管制服务,进场和离场航空器接受的管制服务应当由提供机场管制服务和提供进近管制的单位来提供。

(1) 进场航空器

在下列情形时,进近管制单位应当按照书面协议或 ATS 单位指令将进场航空器的管制责任移交给机场管制塔台:

① 航空器位于机场附近,并认为最后将能目视参考地面完成进近着陆或已处于不间断的目视气象条件;

② 航空器达到指定点或高度;

③ 航空器已着陆。

向机场管制员所做的通信移交应当在指定点、高度或时间生效,以便及时发布着陆许可或其他替代指令以及必要的本地交通信息。

如果双方单位事先已签订协议,则按照协议规定,某些特定飞行可以从 ACC 直接移交给机场管制塔台,其进近管制服务由 ACC 或机场管制塔台提供,反之亦然。

(2) 离场航空器

在下列情形时,提供机场管制服务的单位应当按照书面协议或 ATS 单位指令将离场航空器的管制责任移交给提供进近管制服务的单位:

① 机场附近处于目视气象条件时,航空器离开机场附近前,或航空器进入仪表气象条件前,或航空器到达指定点或高度;

② 机场附近处于仪表气象条件时,航空器刚刚升空,或航空器达到指定点或高度。

**2. 进近管制单位与区域管制单位之间**

当区域管制服务和进近管制服务不是由同一空中交通管制单位提供时,航空器的管制责任通常由提供区域管制服务的管制单位提供,ACC 将进场航空器移交给提供进近管制服务的单位后或离场航空器在移交给 ACC 之前,其管制责任由提供进近管制服务的管制单位提供。

如果进场航空器已移交给提供进近管制服务的单位管制,那么在航空器达到指定位置、高度或者时间前,必须承担管制责任,直至进近到机场。

**3. 区域管制单位与区域管制单位之间**

当航空器按照预计时间通过管制区边界时,或者通过协议规定的其他位置、高度层或时间时,提供区域管制服务的单位应当将航空器的管制责任移交给相邻的提供区域管制服务的单位。

**4. 同一空中交通管制单位的扇区或席位之间**

按照本场规定,管制扇区或席位应当在指定位置、高度或时间将航空器的管制责任移交给同一单位内的相邻扇区或席位。

## 1.2.4　管制协议

管制单位应当与有移交或者通报关系的管制单位或者飞行管制部门签订管制协议。管制协议应当明确划分管制单位之间的管制职责,其主要内容应当包括:

① 签订协议的目的;
② 管制的责任、程序及移交;
③ 空域、航路、高度的限制及间隔;
④ 管制协调的程序;
⑤ 通报程序;
⑥ 通信方式;
⑦ 相关的定义和图表;
⑧ 协议的生效。

# 1.3　协调与移交

空中交通管制工作是通过多个管制单位分工协作进行的,在航空器的运行过程中,除了空管单位,还会涉及与非空管单位的协调工作。协调的目的是化解地面及空中航空器的动态冲突,创造良好的管制环境,保障各类航空器安全有序地运行,提高空域的利用率。

管制协调是指管制单位或管制席位之间就有关飞行活动进行的通报协调工作,主要包括飞行计划、航空器空中位置、飞行高度、到达某一区域边界的时间和其他飞行动态,以及需要调整和改变的航行诸元素等。管制协调是前提条件,只有在完成管制协调的基础上方可实施管制移交和通信移交。管制移交和通信移交工作的目的是为航空器提供不间断的空中交通管制服务,其工作涉及对象为管制移交单位、航空器驾驶员和管制接收单位。

## 1.3.1　协调部门

协调与移交是管制中的重要工作之一,为保障该工作的顺利实施,在管制席位中设立管制协调席位,协助做好管制工作。协调工作涉及的对象主要有相邻的管制扇区或者管制单位、军航管制单位、航空公司、机场、设备部门、气象部门、情报部门和通航飞行保障部门等。

**1. 管制单位与管制单位之间的协调**

(1) 提供空中交通管制服务的协调

为保证空中交通管制放行许可涵盖航空器的全部航路或者指定航路的部分航段,在航空器起飞前,相关各管制单位之间对放行许可已取得协调,或者能事先取得协调,管制单位应当向航空器发布放行至第一个预定着陆机场的许可。如果相关各管制单位在航空器起飞前不能取得协调,那么管制单位只能将航空器放行至能保证取得协调的点,并应在航空器飞抵此点前或者在飞抵此点时,视情况向其发布下一放行许可或者等待指示。

各管制单位根据管制职责,为了确保航空器在空中安全运行,进近管制单位与塔台管制单位应当遵守有关区域管制单位发布的协调指示,塔台管制单位还应当遵守有关进近管制单位发布的协调指示。此外,区域管制单位应当随着飞行的进程将所需的飞行计划和管制情报,向相邻的区域管制单位传递。上述情报应当及时发出,以便相邻的区域管制单位有足够的时间收到并进行分析和互相协调。

(2) 提供飞行情报服务和告警服务的协调

对于按仪表飞行规则飞行的航空器,提供飞行情报服务的相邻管制单位之间应当进行协调,以保证向在规定区域内或者沿规定航路飞行的航空器提供持续的飞行情报和告警服务。管制单位之间的协调应当按照有关的协议进行,在协调时,应当提供现行飞行计划的有关项目以及与有关航空器作最后通信联络的时间,并在航空器进入相邻的飞行情报区或者管制区之前发给负责提供该区飞行情报服务的管制单位。

**2. 管制单位与其他部门之间的协调**

(1) 管制单位与飞行管制部门之间的协调

在航空器飞行的过程中,管制单位应当与可能影响民用航空器飞行的军方飞行管制部门(简称"飞行管制部门")建立通信联系并保持密切的协调,根据需要可指定协调机构并签订协议。飞行管制部门发布对于民用航空器有影响的活动的通知后,管制单位应当主动与有关飞行管制部门进行协调,并对民航飞行活动作出安排,以避免对民用航空器造成危险,尽可能将对民用航空器正常运行的干扰降至最低程度。

管制单位与飞行管制部门之间在协调时应当了解飞行活动的地点、范围、时间和性质,避免关闭或者重新划设原已建立的空中交通管制航路,避免影响航空器使用最经济的飞行高度层或者航线运行。此外,管制单位与飞行管制部门应当建立直接通信,以供协调和民用航空器发生紧急事件时使用。

管制单位应当按照签署协议的程序,例行地或经要求向有关飞行管制部门提供民用航空器的飞行计划及动态情报。根据任务需要或者管理部门的要求,向飞行管制部门派遣联络员,或者接受派驻的军航管制员。

(2) 管制单位与运营人或机场管理机构之间的协调

如果航空器运营人或者机场管理机构与管制单位签订协议,则管制单位应当根据协议的约定,向该运营人、机场管理机构或其指定代表提供有关情报;如果提供飞行签派服务的运营人与管制单位签订协议,则管制单位应当根据协议的约定,将所收到的有关运行的情报转给该运营人或者其指定代表。

## 1.3.2　管制协调

管制协调是指管制单位或管制席位之间就有关飞行活动进行的通报协调工作。在航空器起飞之前,起飞机场管制塔台就放行许可应与相关管制单位进行协调,以便其向航空器发布放行至第一个预定着陆机场的许可;起飞后,随着飞行的进程,管制单位按照规定将所需的飞行计划和管制情报,向相关管制单位传递;在对航空器实施管制移交前,移交管制单位按照规定的时限与接受管制单位进行协调,以便为航空器提供不间断的管制服务。本小节主要介绍以管制移交为目的的管制协调。

**1. 基本规则**

在提供空中交通服务过程中,各管制单位之间的协调等级不同,进近管制单位和塔台管制单位应当遵守有关区域管制单位发布的协调指示,塔台管制单位还应遵守有关进近管制单位发布的协调指示。

管制协调应当在管制移交之前进行,移交单位应在飞越管制移交点前,按照规定的提前时间进行管制协调,或者按照管制协议与接受单位进行管制协调。比如,在区域管制中,移交单位应当不晚于在航空器飞越管制移交点前 10 min 与接受单位进行管制协调。

管制协调后,当原协调的内容有重大变化时,应当及时进行更正。为减轻协调工作负荷,减少协调差错,管制单位应尽可能制定并采用管制协调和移交的标准程序以减少口头协调的需要。

**2. 协调手段**

管制协调应当通过直通管制电话或者数据通信进行。没有直通管制电话或者数据通信的空中交通管制单位之间,可以通过对空话台、业务电话、电报等进行。

**3. 协调内容**

管制协调的内容应当包括:
① 航空器呼号;
② 航空器机型(可省略);
③ 飞行高度;
④ 速度(根据需要);
⑤ 移交点;
⑥ 预计飞越移交点的时间;
⑦ 管制业务必需的其他情报。

**4. 协调时机**

当航空器起飞后,塔台管制单位应当及时将离场航空器的起飞时间①通知进近管制单位或者区域管制单位,如果进近管制单位或区域管制单位对离场航空器实施流量控制或者有其他调配,则应当尽早通知塔台管制单位安排离场航空器在地面或在空中等待;当航空器离场时,进近管制单位应当在该航空器预计飞越管制移交点前 5 min 或者按照管制协议,将离场航

---
① 起飞时间:航空器开始起飞滑跑时机轮移动的瞬间。

空器的情报通知相关区域管制单位(相关情报具体信息参考 3.4.5 小节);当航空器在航路上飞行时,区域管制单位应当在该航空器预计飞越管制移交点前 10 min 或者按照管制协议,将飞越航空器的情报通知相关区域管制单位(相关情报具体信息参考 4.2.1 小节)。

航空器在进场时,区域管制单位应当在该航空器预计飞越管制移交点前 10 min 或者按照管制协议,将进场航空器的情报通知相关进近管制单位(相关情报具体信息参考 4.2.1 小节);进近管制单位应当在不迟于航空器飞越管制移交点前 3 min 或者按照管制协议,将进场航空器的情报通知相关塔台管制单位(相关情报具体信息参考 3.4.5 小节);当航空器落地后,塔台管制单位应当将该航空器的着陆时间通知相关进近管制单位,如果该航空器复飞,也应当将相关情报通知相关进近管制单位。

#### 5. 协调变更

各管制单位已发出的情报如有下列变更,应当迅速通知对方单位:

① 飞行高度改变;

② 不能从原定的移交点移交;

③ 区域管制与区域管制之间发出的预计到达时间相差超过 5 min;

④ 区域管制与进近管制之间发出的预计到达时间相差超过 3 min;

⑤ 进近管制单位之间发出的预计到达时间相差超过 3 min;

⑥ 进近管制与塔台管制之间发出的预计到达时间相差超过 2 min。

## 1.3.3　通信移交

通信移交是指管制单位向航空器驾驶员发布联系接受管制单位的通话指令,航空器驾驶员将通信频率调整为接受管制单位的通信频率,并主动与其建立通信联系的过程。

通信移交应当在恰当的点或时间进行,以便接受管制单位能及时向航空器发布管制指令。如果移交单位之间按照高度移交,那么通常在航空器到达移交高度后进行通信移交,此时通信移交和管制移交同时进行;如果移交单位之间按照时间移交,那么通常在航空器到达规定时间后进行通信移交,通信移交和管制移交同时进行;如果移交单位之间在移交点移交,那么通常在航空器飞越移交点前进行通信移交,最晚在飞越移交点后立即进行移交,航空器在飞越移交点后,管制责任由接受管制单位承担,如图 1-6 所示。

## 1.3.4　管制移交

管制移交是指管制单位或者扇区之间移交飞行中航空器管制责任的工作,目的是明确管制责任,对航空器实施不间断指挥,保证飞行安全。其工作涉及对象为管制移交单位、航空器驾驶员和管制接受单位。管制移交流程图如图 1-7 所示。

在航空器飞越移交点之前,移交管制单位(移交单位)应向接受管制单位(接受单位)协调或按照协议通报航空器信息(管制协调);当航空器满足移交条件后,在适当时机,移交单位向航空器发出通信移交指令,航空器与接受单位建立通信联系(通信移交),待航空器飞越移交点后,管制责任由接受单位承担(管制移交)。

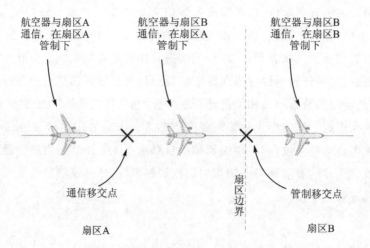

图 1-6　通信移交与管制移交

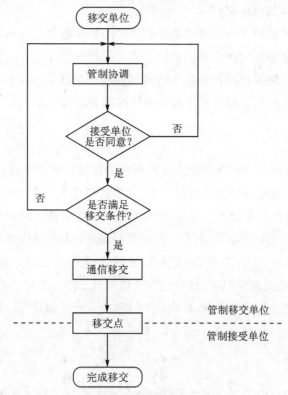

图 1-7　管制移交流程图

　　如果按照高度或时间移交,那么当航空器达到规定的高度或时间时,移交单位向航空器发出通信移交指令,当航空器与接受单位建立通信联系后,管制责任由接受单位承担(通信移交与管制移交同步完成)。

　　航空器驾驶员在飞越移交点之前,应主动调整频率与接受单位管制员通信联系,并进行位置报告,在飞越移交点后,接受单位管制员才可向航空器驾驶员发布管制指令;如果接受单位有提前接受航空器的需求,则需要提前与移交单位协调,说明提前接受的原因,征得移交单位同意后方可实施;同理,如果移交单位有推迟移交航空器的需求,则需要与接受单位协调,说明推迟移交的原因,征得接受单位同意后方可实施。

# 1.4 速 度 控 制

在飞行过程中,为保障航空器安全运行和有序流通,管制员可以通过控制航空器的速度来为航空器配备水平或垂直间隔。作为管制员主要的管制手段之一,速度控制分为水平速度控制和垂直速度控制。

## 1.4.1 水平速度控制

在控制航空器水平速度时,管制员应根据有关要求,以规定的方式调整航空器速度,并及时通知航空器驾驶员。如果航空器驾驶员无法执行调整速度指令,则应当及时通知相关管制单位,在此情况下,管制员应当采用其他管制方法为航空器配备安全间隔。

通常,水平速度调整的目的是在航空器之间按需要建立或保持理想的最小间隔或间距,应避免频繁地改变速度的指令,包括交替加速和减速。当不再要求水平速度限制时,管制员应当及时通知航空器驾驶员,恢复经济速度运行。当航空器正在加入等待航线或者已加入等待航线时,管制员不得对其进行水平速度调整。

在程序管制环境下,管制员无法监控到航空器的当前速度,不能通过调整具体的速度值进行速度调整,通常以控制航空器通过导航台或报告点的时间,来满足航空器水平间隔要求。航空器在 7 500 m 以上飞行时,水平速度调整也可使用 0.01 马赫数的倍数表示。

当管制员进行水平速度调整时,应当考虑到航空器的性能、所在高度等因素,在合理的范围内进行速度调整。为了在两架或更多相继飞行的航空器之间建立理想的间距,管制员既可以先降低后一架航空器的速度,也可以先提高前一架航空器的速度,然后再调整其他航空器的速度。

## 1.4.2 垂直速度控制

为了交通安全和便于交通有序地流通,可要求航空器调整其上升率和下降率。垂直速度控制适用于两架正在上升的航空器或者两架正在下降的航空器之间,以便建立或保持一个特定的最小垂直间隔。上升率/下降率的单位为:ft/min(英尺/分钟),百位取整,例如:2 000 ft/min,2 500 ft/min 等。

当进行垂直速度调整时,管制员可以要求一架航空器提高其上升率和下降率飞至或穿越规定的高度层,或要求它降低其上升率和下降率;可以要求正在爬升的航空器保持规定的爬升率、等于或大于规定值的爬升率或等于或小于规定值的爬升率;可以要求正在下降的航空器保持规定的下降率、等于或大于规定值的下降率或等于或小于规定值的下降率;可以要求正在上升或下降的航空器在某高度之上或下通过导航台或报告点等,根据需要,灵活应用。

当调整垂直速度时,应避免频繁改变上升率或者下降率。当不再有垂直速度限制时,管制员应当及时通知航空器驾驶员。当航空器正在加入等待航线或者已加入等待航线时,管制员不得对其进行垂直速度调整。

当管制员进行垂直速度调整时,应当考虑到航空器的性能、所在高度、载荷、起飞机场等因素,在合理的范围内进行速度调整。通常,航空器的上升率、下降率在中低空偏大一些,在高空偏小一些,不同机型的性能也有所不同。对于起飞时间不长、载荷较大的航空器,其上升率偏小,管制员在管制工作中应尽可能考虑到这些因素。如果航空器无法执行管制员指示的上升率或者下降率,那么航空器驾驶员应当及时提出。

# 1.5　气压高度和高度表拨正程序

航空器在飞行过程中,主要依靠气压式高度表指示飞行高度,基于同一气压基准面按照一定的气压差建立稳定的垂直间隔,保障航空器的运行安全。当在机场附近运行时,需要时刻掌握航空器距离跑道的高度,由于每天机场场面气压值都不同,因此需要根据机场标高和场面气压计算出修正海平面气压,在民用机场通常以修正海平面气压为基准设定飞行高度;在航路飞行阶段,需要按照一个恒定的气压差(通过气压式高度表显示为高度值)飞行,通常以标准海平面气压(1 013.2 hPa(百帕))为基准设定飞行高度层。在航路飞行时,不同地理位置的标准海平面气压面的物理高度并不相同,但航空器与附近相关的航空器之间的垂直间隔却是恒定不变的,从而保障了其运行安全。

## 1.5.1　基本概念

### 1. 高、高度和高度层

确定航空器在空间的垂直位置需要两个要素:测量基准面和自该基准面至航空器的垂直距离。在飞行中,航空器对应不同的测量基准面,相应的垂直位置具有不同的特定的名称,如图1-8所示。

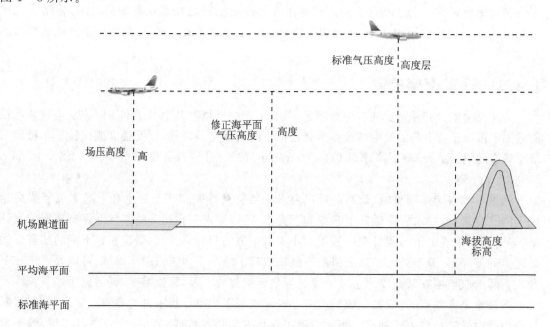

**图1-8　高度、气压高度示意图**

高(height)是指自某一个特定基准面量至一个平面、一个点或者可以视为一个点的物体的垂直距离。

高度(altitude)是指自平均海平面量至一个平面、一个点或者可以视为一个点的物体的垂直距离。

飞行高度层(Flight Level,FL)简称高度层,以 1 013.2 hPa 气压面为基准的等压面,各等压面之间具有规定的气压差。

**2. 气压和气压高度**

场面气压(QFE)是指航空器着陆区域最高点的气压。

修正海平面气压(QNH)是指将观测到的场面气压,按照标准大气压条件修正到平均海平面的气压。

标准大气压(QNE)是指在标准大气压条件下海平面的气压。其值为 1 013.2 hPa(或 760 mm Hg 或 29.92 in Hg,1 in=25.4 mm)。

场压高度(场高)是指以着陆区域最高点气压,调整高度表数值为零,上升至某一点的垂直距离。

修正海平面气压(修正海压)高度是指以海平面气压调整高度表数值为零,上升至某一点的垂直距离。

标准气压高度是指以标准大气压修正高度表压力值,上升至某一点的垂直距离。

使用气压式高度表表示高时,必须使用场面气压作为高度表拨正值;表示高度时,必须使用修正海平面气压作为高度表拨正值;表示飞行高度层时,必须使用标准大气压作为高度表拨正值。

## 1.5.2　修正海平面气压和标准大气压的适用区域

航空器在不同飞行阶段飞行时,需要采用不同的高度测量基准面。为了便于管制员和航空器驾驶员掌握航空器的超障余度,避免航空器在机场附近起飞、爬升、下降和着陆过程中与障碍物相撞,航空器和障碍物在垂直方向上应使用同一测量基准面,即平均海平面,因此,在机场地区应使用修正海平面气压作为航空器的高度表拨正值;在航路飞行阶段,由于不同区域的修正海平面气压(QNH)不同,如果仍然使用修正海平面气压作为高度表拨正值,那么航空器在经过不同区域时需要频繁调整修正海平面气压,并且难以确定航空器之间的垂直间隔。统一使用标准大气压(QNE)作为高度表拨正值,则可以简化飞行程序,易于保障航空器之间的安全间隔。

为了便于管制员和航空器驾驶员明确不同高度基准面的有效使用区域并正确执行高度表拨正程序,高度表拨正值适用范围在垂直方向上用过渡高度和过渡高度层作为垂直分界,在水平方向上用修正海平面气压适用区域的界限作为水平边界。

**1. 修正海平面气压适用区域**

过渡高度(TA)是指一个特定的修正海平面气压高度,在此高度(含)以下,航空器的垂直位置按照修正海平面气压高度表示。

过渡高度层(TL)是在过渡高度之上的最低可用飞行高度层。过渡高度层高于过渡高度,二者之间满足给定的垂直间隔。

过渡夹层是指位于过渡高度和过渡高度层之间的空间。

在修正海平面气压适用区域内,航空器应采用修正海平面气压作为高度表拨正值,高度表指示的是航空器的高度。航空器在着陆跑道上时高度表指示机场标高。

**2. 修正海平面气压适用区域水平边界**

划设合理的修正海平面气压适用区域对航空器运行有着重要的意义,水平区域应将起始进近航段包含在内,除此之外,还需考虑与周边临近机场的水平区域不能重叠。水平区域并非越大越好,按需划设会取得更好的效果。通常按照以下方法进行划设:

① 以机场的 VOR/DME 台为圆心,半径 55 km(30 n mile)以内使用该机场修正海平面气压,以外使用标准大气压;

② 有若干个 VOR/DME 台的机场,要明确定位的台,半径 55 km (30 n mile)以内使用该机场修正海平面气压,以外使用标准大气压;

③ 没有 VOR/DME 台的机场,以航线 NDB 台为圆心,半径 55 km (30 n mile)以内使用该机场修正海平面气压,以外使用标准大气压;

④ 没有 VOR/DME 台和航线 NDB 台的机场,以主降方向的一个 NDB 台为圆心,半径 55 km (30 n mile)以内使用该机场修正海平面气压,以外使用标准大气压;

⑤ 如果有 DME 与 ILS 下滑台合建,以 DME 为圆心,则半径 55 km (30 n mile)以内使用该机场修正海平面气压,以外使用标准大气压;

⑥ 机场导航设施不全,航空器难以利用该机场导航台定位的,在距机场中心 10 min 以内使用该机场修正海平面气压,10 min 以外使用标准大气压;

⑦ 设置空中走廊的机场,在空中走廊外口之内使用机场修正海平面气压,在空中走廊外口之外使用标准大气压;

⑧ 如果上述方法不能满足实际需要,还可以使用强制报告点、管制移交点、机场区域范围界限、管制协调规定中明确的范围来确定修正海平面气压的水平边界。

**3. 标准大气压适用区域**

在未建立过渡高度和过渡高度层的区域和航路/航线飞行阶段,航空器应当按照规定的飞行高度层飞行。各航空器均采用标准大气压,即 1 013.2 hPa 作为气压高度表拨正值,高度表指示的是飞行高度层。

# 1.5.3 高度表拨正程序

**1. 使用统一的高度表拨正值**

在全国民用机场统一使用修正海平面气压拨正值,即机场区域内统一使用平均海平面作为气压高度的基准面。

**2. 建立机场过渡高度和过渡高度层的原则**

① 过渡高度层高于过渡高度,且二者垂直距离至少为 300 m;

② 过渡高度层确定后不随气压的变化而变化;

③ 过渡高度不得低于仪表进近程序的起始进近高度;

④ 当两个或两个以上机场距离较近,需要建立协调程序时,应建立共同的过渡高度和过渡高度层。

过渡高度和过渡高度层如图 1-9 所示。

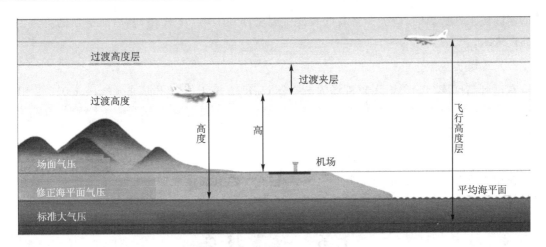

**图 1 - 9　过渡高度和过渡高度层**

### 3. 建立机场过渡高度和过渡高度层的办法

在我国,民用机场统一使用修正海平面气压拨正值作为气压高度的基准面。根据机场标高设置过渡高度和过渡高度层(见表 1 - 3),过渡高度层确定后不随气压的变化而变化,过渡高度通常不变,但是,为了确保在气压变化很大的情况下,过渡夹层有安全合理的垂直空间,当机场海平面气压小于 979 hPa(含)时,过渡高度应降低 300 m;当机场的修正海平面气压大于 1 031 hPa 时,过渡高度应提高 300 m。

**表 1 - 3　机场标高和过渡高度/过渡高度层的关系**

| 机场标高 | 过渡高度 | 过渡高度层 |
| --- | --- | --- |
| 1 200 m(含)以下 | 3 000 m | 3 600 m |
| 1 200～2 400 m(含) | 4 200 m | 4 800 m |
| 2 400 m 以上 | 根据飞行程序设计和空中交通管制的需要确定 | 根据飞行程序设计和空中交通管制的需要确定 |

### 4. 高度表拨正程序

(1) 离场航空器

离场航空器在上升过程中,保持本场的 QNH 直至到达过渡高度。在穿越过渡高度或者在过渡高度以下穿越修正海平面气压适用区域的水平边界时,必须立即将高度表气压刻度调到标准大气压 1 013.2 hPa,其后航空器的垂直位置用飞行高度层表示。航空器在修正海平面气压适用区域内,按过渡高度平飞时,应使用机场的修正海平面气压。

(2) 航路、航线飞行

在航路、航线及未建立过渡高度和过渡高度层的区域飞行,航空器应使用标准大气压 1 013.2 hPa 作为高度表拨正值,并按照规定的飞行高度层飞行。

(3) 进场航空器

进场航空器在下降穿过机场的过渡高度层,或者在过渡高度(含)以下进入修正海平面气压适用区域水平边界时,应立即将高度表气压刻度调到本场 QNH 值,其后航空器的垂直位置用高度表示。

(4) 飞越航空器

在过渡高度层(含)以上飞越机场的航空器,高度表拨正值使用标准大气压 1 013.2 hPa;在过渡高度(含)以下飞越机场的航空器,在飞越修正海平面气压适用区域内飞行时,其高度表修正值使用 QNH。

(5) 航空器在相邻机场之间飞行

在相邻机场之间飞行的航空器(不含飞越航空器),其高度表拨正程序按照管制移交协议有关规定执行。

# 1.6　位置报告

程序管制是通过位置报告和飞行计划对航空器定位的一种管制方式,为了调整航空器之间的飞行间隔,保障航空器的运行安全,管制员需要掌握航空器的位置及高度等信息,根据位置和高度判断航空器之间是否满足水平间隔和垂直间隔要求。因此,航空器驾驶员需要在强制报告点和管制员指定的地点或者时刻,向管制单位进行位置报告。

## 1.6.1　报告点的设置

在空域规划中,为了满足空中交通服务单位了解和掌握航空器空中运行进展情况的需要,在空域内或航路(线)上设置位置报告点。

### 1. 考虑因素

在设置报告点时,报告点应尽可能参照地面无线电导航设施。如果没有地面无限电导航设施,则应设在利用自备式导航设备予以确定的地点,或者设在目视飞行时可以依靠目视观察确定的地点。除此之外,还应考虑以下因素:

① 所提供空中交通服务的类型;
② 一般情况下的空中交通流量;
③ 航空器执行现行飞行计划的精确度;
④ 航空器的速度;
⑤ 应用的最低间隔标准;
⑥ 空域结构的复杂程度;
⑦ 所采用的空中交通管制方法;
⑧ 飞行重要航段的起始点;
⑨ 管制移交程序;
⑩ 安全和搜寻救援的要求;
⑪ 驾驶舱和地空通信的工作负荷;
⑫ 其他有关因素。

### 2. 遵循原则

根据需求,可将报告点划分为强制报告点和要求报告点。在设置报告点时,应遵循以下原则：

① 设置强制报告点时，应满足向空中交通服务单位例行提供航空器飞行进展情况所必需的最少数量，在装备无线电导航设施的地点不强制指定为强制报告点，在飞行情报区或管制区边界不强制设置强制报告点；

② 设置要求报告点时，应当根据空中交通服务附加位置报告的要求而定；

③ 在某些特殊地区，可以设立在通过整数经纬度时进行报告的制度；

④ 对强制报告点和要求报告点应当进行定期检查，以保证空中交通服务的需要，减轻飞行人员的工作负荷。

## 1.6.2　位置报告的要求

在强制报告点组成的航路（线）上，通常在导航台位置设置报告点，也可以在定位点设置报告点。航空器在飞越强制报告点时，航空器驾驶员应该做出位置报告；如果在飞越时未能及时进行位置报告，则在飞越强制报告点后，应尽快做出位置报告。在通过要求报告点时，航空器驾驶员可以不做位置报告；当管制员要求时，航空器驾驶员需按要求进行位置报告。管制员可以随时要求在航路（线）上飞行或进离场的航空器报告位置和飞行情况。

在要求报告点组成的航路（线）上，航空器在开始飞行半小时后，以及此后每隔一小时，航空器驾驶员必须尽快做出位置报告，根据空管单位的需求，可以要求在更短的间隔时间内提供附加的位置报告。

当航空器处于运行过程中时，管制员应充分利用通信、导航设备以及航空器的位置报告，准确掌握航空器的位置，监督其保持规定的航路和间隔飞行。对于超过预计飞越位置报告点 3 min 尚未收到报告的，管制员应当立即查问情况，并设法取得其位置报告。

## 1.6.3　位置报告的内容

航空器在飞越位置报告点时，应向管制员进行位置报告，其内容包括：

① 航空器呼号；

② 飞越的位置报告点；

③ 时间；

④ 飞行高度层或飞行高度；

⑤ 飞行条件；

⑥ 预计飞越下一位置报告点或者到达着陆机场的时间。

当航空器通过报告点时正在上升或下降，应当报告正在通过的飞行高度层或高度和已许可的飞行高度层。

当管制员要求航空器保持一个指定速度时，航空器驾驶员应当将这个速度包括在其位置报告中。航空器驾驶员在改换频率后首次与管制单位联络时，也应当报告这一指定的速度。

# 思 考 题

1. 我国共划分为多少个飞行情报区？分别是什么？

2. 在我国飞行情报区内，沿航路、航线地带和民用机场区域设置了哪些管制区？试分别说明其垂直范围。

3. 区域管制服务可以由哪几个管制单位提供？

4. 管制协调包括哪些内容？

5. 位置报告包括哪些内容？

6. 进场航空器在何时调整高度表拨正值？

# 第2章　飞行间隔标准

飞行间隔是航空器飞行时相互之间应当保持的最小安全距离。为保证飞行安全,航空器之间的距离应当不小于规定的飞行间隔标准,防止危险接近或者相撞。国际民航组织在《航行服务程序–空中交通管理》(Doc4444)中对飞行间隔标准进行了阐述,并推荐各相关成员国使用。国家空管委结合我国实际情况确定了我国境内飞行间隔标准,制定颁发了《飞行间隔规定》。飞行间隔标准是确保飞行安全的要素,按飞行间隔标准提供管制服务是管制员工作的重要内容。管制员应当按照规定的飞行间隔标准对航空器提供统一的飞行间隔配备。

管制间隔标准,按飞行条件,分为目视飞行间隔标准和仪表飞行间隔标准;按管制方法,分为程序管制飞行间隔标准和雷达管制飞行间隔标准;按航空器的相对位置,分为垂直间隔标准和水平间隔标准,水平间隔标准还可分为纵向间隔标准和横向间隔标准;按照前机尾流对后机的影响,还规定有尾流间隔标准。

## 2.1　一般规定

航空器在管制空域内按仪表飞行规则飞行时,管制员应当根据仪表飞行规则的条件,配备符合规定的安全间隔,防止航空器与航空器、机动区内航空器与障碍物相撞;航空器在管制空域内按照目视飞行规则飞行时,管制员应当根据目视飞行规则的条件,配备符合规定的安全间隔。在管制空域内同时有目视飞行和仪表飞行时,目视飞行的航空器之间的间隔按照目视飞行规则执行;目视飞行和仪表飞行的航空器之间的间隔按照仪表飞行规则执行。

管制单位应当根据导航、通信、监视等管制条件,合理选择配备间隔的方法。任何情况下,为航空器配备至少一种管制间隔。所采用的管制间隔,应当符合间隔标准;同时,为了加速空中交通流量,也应当充分合理地使用间隔,避免间隔过大。

在遇到非法干扰和导航故障等特殊情况需采取额外预防措施时,应采用大于规定的间隔。采取这种措施时,应适当考虑有关因素,防止因采用过大的间隔降低运行效率。

当航空器的导航、通信、测高、飞行操纵或其他系统发生故障或性能下降,航空器的性能降至所飞空域要求的水平之下时,航空器驾驶员应立即通知空管单位。当航空器遇到故障或性能下降,导致与其他航空器之间的间隔类型或最低间隔标准不能保持时,管制员须立即采取行动建立其他适当类型的间隔标准。

## 2.2　垂直间隔和安全高度

航空器在管制空域内按照仪表飞行规则飞行或目视飞行规则飞行时,管制员都应为航空器配备符合规定的安全间隔,为了防止航空器与航空器、机动区内航空器与障碍物相撞,在必要时还须为航空器配备不同的飞行高度,以确保航空器与航空器、航空器与地面障碍物之间存在垂直间隔。航空器在按照目视飞行规则飞行时,航空器驾驶员必须加强空中观察,对保持航空器之间的间隔和航空器距地面障碍物的安全高度是否正确负责。

## 2.2.1　飞行高度层

航空器进行航路和航线飞行时,应当按照所配备的飞行高度层飞行,飞行高度层按照以下标准划分:

① 真航线角在 0°~179° 范围内,高度为 900~8 100 m,每隔 600 m 为一个高度层;高度为 8 900~12 500 m,每隔 600 m 为一个高度层;高度在 12 500 m 以上,每隔 1 200 m 为一个高度层。

② 真航线角在 180°~359° 范围内,高度为 600~8 400 m,每隔 600 m 为一个高度层;高度为 9 200~12 200 m,每隔 600 m 为一个高度层;高度在 13 100 m 以上,每隔 1 200 m 为一个高度层。

③ 飞行高度层应当根据标准大气条件下假定的海平面计算,真航线角应当从航线起点和转弯点量取。

飞行高度层配备示意图如图 2-1 所示。

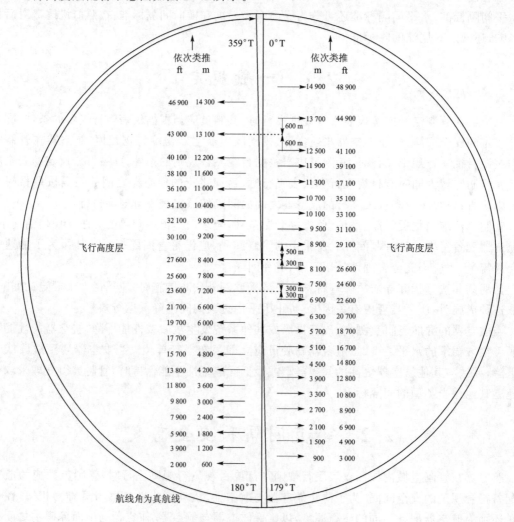

图 2-1　飞行高度层配备示意图

飞行高度层配备标准表如表 2-1 所列。

表 2-1　飞行高度层配备标准表

| 航线角 | | | |
|---|---|---|---|
| 000°～179° | | 180°～359° | |
| 飞行高度层 | | 飞行高度层 | |
| m | ft | m | ft |
| 依次类推 | 依次类推 | 依次类推 | 依次类推 |
| ↑ | ↑ | ↑ | ↑ |
| 14 900 | 48 900 | 15 500 | 50 900 |
| 13 700 | 44 900 | 14 300 | 46 900 |
|  |  | 13 100 | 43 000 |
| 12 500 | 41 100 |  |  |
| 11 900 | 39 100 | 12 200 | 40 100 |
| 11 300 | 37 100 | 11 600 | 38 100 |
| 10 700 | 35 100 | 11 000 | 36 100 |
| 10 100 | 33 100 | 10 400 | 34 100 |
| 9 500 | 31 100 | 9 800 | 32 100 |
| 8 900 | 29 100 | 9 200 | 30 100 |
| 8 100 | 26 600 | 8 400 | 27 600 |
| 7 500 | 24 600 | 7 800 | 25 600 |
| 6 900 | 22 600 | 7 200 | 23 600 |
| 6 300 | 20 700 | 6 600 | 21 700 |
| 5 700 | 18 700 | 6 000 | 19 700 |
| 5 100 | 16 700 | 5 400 | 17 700 |
| 4 500 | 14 800 | 4 800 | 15 700 |
| 3 900 | 12 800 | 4 200 | 13 800 |
| 3 300 | 10 800 | 3 600 | 11 800 |
| 2 700 | 8 900 | 3 000 | 9 800 |
| 2 100 | 6 900 | 2 400 | 7 900 |
| 1 500 | 4 900 | 1 800 | 5 900 |
| 900 | 3 000 | 1 200 | 3 900 |
| — | — | 600 | 2 000 |

## 2.2.2　仪表飞行

### 1. 航空器与地面障碍物之间的间隔

航空器按照仪表飞行规则在航路、航线飞行或者转场飞行时,在高原和山区,其飞行高度应当高出航路中心线、航线两侧各 25 km 以内最高标高 600 m;在其他地区,其飞行高度应当高出航路中心线、航线两侧各 25 km 以内最高标高 400 m。

航空器按照仪表飞行规则在机场区域内飞行时,其飞行高度不得低于仪表进近图中规定的最低扇区高度,在按照进离场程序飞行时,不得低于仪表进离场程序中规定的高度;在没有公布仪表进离场程序或最低扇区高度的机场,在机场区域范围内,航空器距离障碍物的最高点的高度,平原地区不得低于 300 m,高原、山区不得低于 600 m。

仪表飞行规则最低安全高度如表 2-2 所列。

**表 2-2　仪表飞行规则最低安全高度**

| 飞行区域<br>飞行阶段 | | 高原、山区 | 其他地区 |
|---|---|---|---|
| 航路、航线飞行或转场飞行 | | 高出航线两侧各 25 km 以内最高标高 600 m | 高出航线两侧各 25 km 以内最高标高 400 m |
| 机场区域 | 无公布仪表进离场程序或最低扇区高度 | 高出障碍物最高点的高度 600 m | 高出障碍物最高点的高度 300 m |
| | 有公布仪表进离场程序或最低扇区高度 | 在机场区域内飞行,飞行高度不得低于规定的最低扇区高度 | |
| | | 按照进离场程序飞,飞行高度不得低于仪表进离场程序中规定的高度 | |

### 2. 航空器之间的间隔

航空器在航路和航线上飞行时,应当按照所配备的飞行高度层飞行,航空器与航空器之间的最小垂直间隔按飞行高度层配备标准进行配备。

机场管制地带或者进近管制空域内的飞行高度,不论使用何种高度表拨正值,也不论航向如何,航空器之间的垂直间隔在 12 500 m 以下不得小于 300 m。作起落航线飞行的航空器与最低安全高度层上的航空器,其垂直间隔不得小于 300 m。

## 2.2.3　目视飞行

### 1. 航空器与地面障碍物之间的间隔

航空器在航路和航线上,以巡航表速在 250 km/h(不含)以上飞行时,按照航线仪表飞行规则飞行最低安全高度的规定执行(在高原和山区,其飞行高度应当高出航路中心线、航线两侧各 25 km 以内最高标高 600 m;在其他地区,其飞行高度应当高出航路中心线、航线两侧各 25 km 以内最高标高 400 m);航空器以巡航表速在 250 km/h(含)以下飞行时,通常也按照航线仪表飞行规则飞行最低安全高度的规定执行。如果航空器在低于最低高度层飞行,则应确保距航线两侧各 5 km 地带内最高点的真实高度符合安全垂直间隔,平原和丘陵地区不得低于 100 m,山区不得低于 300 m。

在机场区域内,航空器以巡航表速在 250 km/h(不含)以上飞行时,按照机场区域内仪表飞行规则飞行最低安全高度的规定执行;航空器以巡航表速在 250 km/h(含)以下飞行时,距离最高障碍物的真实高度不得低于 100 m。

目视飞行规则最低安全高度如表 2-3 所列。

**表 2-3　目视飞行规则最低安全高度**

| 飞行区域<br>飞行阶段和速度 | | 高原、山区 | 其他地区 |
|---|---|---|---|
| 航线飞行 | >250 km/h | 高出航线两侧各 25 km 以内最高标高 600 m | 高出航线两侧各 25 km 以内最高标高 400 m |
| | ≤250 km/h | 高出航线两侧各 25 km 以内最高标高 600 m | 高出航线两侧各 25 km 以内最高标高 400 m |
| | ≤250 km/h,低于最低高度层 | 高出航线两侧各 5 km 地带内最高点的真实高度 300 m | 高出航线两侧各 5 km 地带内最高点的真实高度 100 m |
| 机场区域 | >250 km/h | 高出障碍物最高点的高度 600 m | 高出障碍物最高点的高度 300 m |
| | ≤250 km/h | 高出最高障碍物的真实高度不得低于 100 m | |

#### 2. 航空器之间的垂直间隔

参考仪表飞行中航空器之间的垂直间隔执行。

## 2.2.4　飞行高度层的应用

#### 1. 飞行高度层的选择

航空器在飞行过程中,管制员应为其配备适合的飞行高度层,在选择飞行高度层时,应考虑以下因素:

① 在航路、航线上飞行或者转场飞行的航空器,当航路中心线、航线两侧各 25 km 以内的障碍物标高不超过 100 m,大气压力不低于 1 000 hPa(750 mmHg)时,允许其在 600 m 的高度层飞行;当障碍物标高超过 100 m 或大气压力低于 1 000 hPa(750 mmHg)时,飞行最低高度层必须相应提高,确保飞行的真实高度不低于航路、航线最低安全高度。

② 航空器的最佳飞行高度层。

③ 天气状况。

④ 航路、航线最低飞行高度。

⑤ 飞行高度层使用情况。

⑥ 飞行任务性质。

#### 2. 飞行高度层的申请

航空器飞行高度层的配备,由相关管制单位负责。申请批准程序如下:

① 起飞航空器的驾驶员或者其代理人,应当在提交飞行计划时,提出拟使用飞行高度层的申请。

② 起飞机场所在区域的区域管制单位对航空器申请的飞行高度层有批准权。如果区域

管制单位对申请的高度层有异议,通常在航空器预计起飞时间前 20 min 或者按照管制单位间协议时间提出。

③ 航空器开车前,航空器驾驶员应当向塔台管制单位申请放行许可并报告拟选择的飞行高度层,塔台管制单位在发布放行许可时应当明确批准的飞行高度层。

④ 沿航线其他区域管制单位,如果对起飞航空器申请的或上一区域管制单位批准的飞行高度层有异议,通常在该航空器飞入本管制区 10 min 前或者按照管制单位间协议时间向上一区域管制单位提出。

当航路、航线飞行或者转场飞行时,因航空器故障、积冰、绕飞雷雨区等原因需要改变飞行高度层的,航空器驾驶员应当向管制单位报告原因和当时航空器的准确位置,请求另行配备飞行高度层。管制单位允许航空器改变飞行高度层时,必须明确改变的高度层以及改变高度层的地段和时间。

当遇到紧急情况,飞行安全受到威胁时,航空器驾驶员可以决定改变原配备的飞行高度层,但必须立即报告管制单位,并对该决定负责。改变高度层的基本方法是:从航空器飞行的方向向右转 30°,并以此航向飞行 20 km,再左转平行原航线上升或者下降到新的高度层。在转回原航线前,应当向管制员报告。

### 3. 飞行高度层的配备

在同一航路、航线有多架航空器同时飞行并且互有影响时,通常把每架航空器配备在不同的高度层,确保航空器之间存在垂直间隔。如果不能配备在不同的飞行高度层,则可以允许多架航空器在同一航线、同一飞行高度层内飞行,但是各架航空器之间应当保持规定的水平间隔。

当航空器改变高度时,已经在某一高度层巡航的航空器通常比其他要求进入该巡航高度层的航空器更具有优先权。当两架或者多架航空器在同一巡航高度层时,排列在前的航空器通常具有优先权,但是当情况复杂或者空中流量较大时,管制单位可以灵活安排高度层。

### 4. 垂直间隔的保障

当管制员收到在某高度飞行的航空器驾驶员报告脱离该高度时,可以将该高度指定给其他航空器,但需保障两架航空器之间的垂直间隔不得低于规定标准。如图 2 - 2 所示,管制员指挥 A 航空器从 3 900 m 上升到更高的高度层,当 A 航空器驾驶员向管制员报告已脱离 3 900 m 飞向目标高度时,管制员方可指挥 B 航空器上升至 3 900 m 保持,但需要保障 A 航空器和 B 航空器之间的垂直间隔满足规定标准,即 B 航空器到达 3 900 m 前,A 航空器已到达或通过 4 200 m。

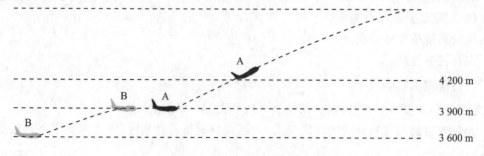

图 2 - 2　航空器保持垂直间隔

在遇到下列情况时,脱离指定高度的航空器驾驶员报告已到达指定高度的上一个或下一个高度层后,管制员方可将所脱离的高度指定给其他航空器:

① 报告有强烈颠簸;

② 较高的航空器正在进行巡航上升;

③ 由于航空器性能差异导致间隔小于适用的间隔标准。

# 2.3　仪表飞行水平间隔

仪表飞行水平间隔标准是指按仪表飞行规则飞行的航空器之间所应保持的最小水平安全间距,包括横向间隔标准和纵向间隔标准,纵向间隔通常以时间或距离表示。按仪表飞行规则飞行时,管制员必须严格按照规定为航空器配备安全间隔,确保相同高度的航空器具备水平间隔。

## 2.3.1　横向间隔

横向间隔是指在不同航路上或通过目视观察、使用导航设施、使用区域导航(RNAV)设备确定不同地理位置上的航空器之间配备的间距。在使用横向间隔时,需保障航空器被隔开的距离不小于规定距离。该规定距离由有关当局确定,在确定距离时,应将导航误差和航空器的缓冲包含在内。为了便于管制员的执行,应以一个确定的数值或定位点明确横向间隔的距离或位置,通常该类横向间隔仅限在本地区使用,并非统一标准间隔。

### 1. 横向间隔的应用

当航空器在不同航路(线)上运行或通过目视观察、使用导航设施确定处在不同的地理位置上空,且航空器被横向隔开的距离不小于包括导航误差加上冗余在内的规定距离时,可采用横向间隔。在实施过程中,冗余应由有关当局确定,导航误差加冗余应作为一个整体应用在横向间隔标准中。

当得到的信息表明导航设施故障或者老化导致低于导航性能要求时,空管单位必须根据需要采用其他间隔标准。

当一架航空器通过一个航路点向 ATS 航路转弯时,通常有飞越航路点和飞经航路点两种方法,如果执行飞越航路点转弯,则航路点与下一个航路点之间的部分不适用规定的横向间隔标准。因为飞越航路点转弯要求航空器首先飞越航路点,然后才能执行转弯,在转弯之后,航空器会立即加入或者在下一个航路点之前加入航路,这就需要提供额外的横向间隔。在飞经航路点的转弯和在飞越航路点之上的转弯分别图 2-3 和图 2-4 所示。

### 2. 横向间隔标准

(1) 参考地理位置

① 当通过位置报告,确信两架航空器位于不同的地理位置上空时,相关航空器之间存在横向间隔,如图 2-5 所示。地理位置可以通过目视或者参考导航设备确定。

② 如果规定的不同航路(航线)的宽度和保护空域互相不重叠,且飞行的航空器相互不交叉穿越,则航空器可以在航路(航线)上顺向飞行,否则应当为航空器配备其他间隔。

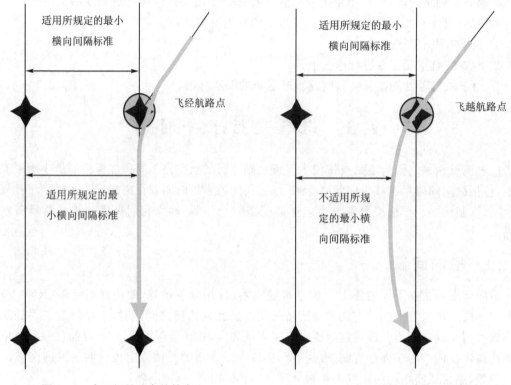

图 2-3　在飞经航路点的转弯　　　　　图 2-4　在飞越航路点之上的转弯

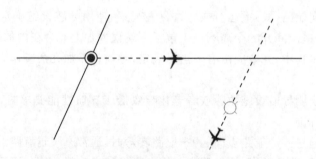

图 2-5　使用相同或不同的地理位置

（2）使用同一导航设备或者方法

1）全向信标

两架航空器使用同一全向信标台（VOR）飞行时，航空器之间的航迹差不小于 15°，其中一架航空器距离全向信标台 50 km（含）以上，如图 2-6 所示。

2）无方向信标

两架航空器使用同一无方向信标台（NDB）飞行时，航空器之间的航迹差不小于 30°，其中一架航空器距离无方向信标台 50 km（含）以上，如图 2-7 所示。

3）推测定位

航空器之间的航迹差不小于 45°，其中一架航空器距离航迹交叉点 50 km 或以上。该点

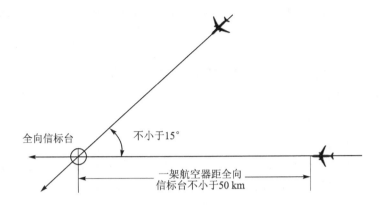

**图 2-6 使用同一全向信标台的间隔**

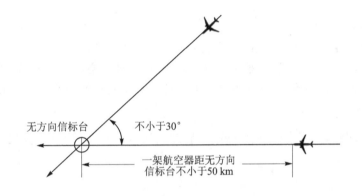

**图 2-7 使用同一无方向信标台的间隔**

由目视或参照导航设备而定,并且确定两架航空器均为飞离交叉点,如图 2-8 所示。

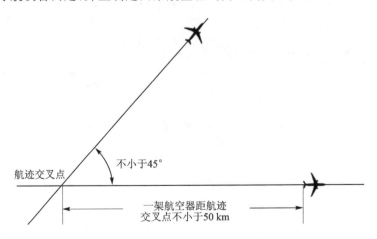

**图 2-8 推测定位的间隔**

4) 区域导航飞行

航空器之间航迹差不小于 15°,且两架航空器航迹相应的保护空域不相重叠。横向间隔根据两航迹之间的角度差和相应保护空域的值确定,以距两航迹交点的距离表示。

## 2.3.2 纵向间隔

纵向间隔是指用时间或距离表示航空器相对于同一位置点或航迹交叉点的间距。航迹关系在航空器之间应用纵向间隔时,航空器之间的间距不得小于规定的最小值,通常使用速度控制,包括限制马赫数,以达到保持纵向间隔的目的。

**1. 纵向间隔的应用**

当在同向航迹上的航空器之间采用以时间或距离为基准的纵向最小间隔时,须十分谨慎,以保证跟随航空器比前行航空器保持大的空速时不违反所适用的最小间隔。当预计航空器接近最小间隔时,须采用速度控制以保证保持所要求的最小间隔。

纵向间隔建立需要航空器:

① 指定时间离场;

② 在指定时间到达定位点;

③ 在一个地理位置(定位点)上空等待直到某个特定时间。

飞行中,在跨声速加速阶段与超声速飞行阶段,超声速航空器之间的纵向间隔通常必须通过开始跨声速时的调速来确定,而非通过在超声速飞行中实行的限速的方法来确定。

**2. 航迹关系**

为实施纵向间隔,使用术语"同航迹"、"航迹交叉"和"逆向飞行"来表述航空器之间的纵向航迹关系。

(1)同航迹

同航迹是指相同航迹(航迹差为零)、小于规定横向间隔的平行航迹、航迹差小于 45°或者大于 315°并且两航迹之间小于规定的横向间隔时的飞行航迹。同一航迹上的航空器如图 2-9 所示。

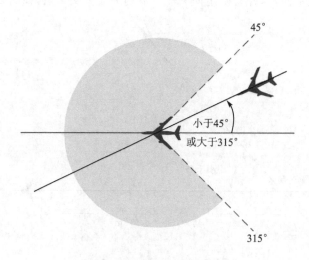

图 2-9　同一航迹上的航空器

(2)航迹交叉

航迹交叉是指航迹差在 45°～135°之间,或者航迹差在 225°～315°之间的飞行航迹。交叉航迹上的航空器如图 2 - 10 所示。

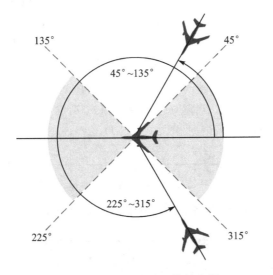

**图 2 - 10　交叉航迹上的航空器**

（3）逆向飞行

逆向飞行是指航空器沿相同航迹的相反方向飞行、小于规定横向间隔的平行航迹的相反方向飞行、航迹差在 135°～225° 之间且小于规定的横向间隔的飞行。逆向航迹上的航空器如图 2 - 11 所示。

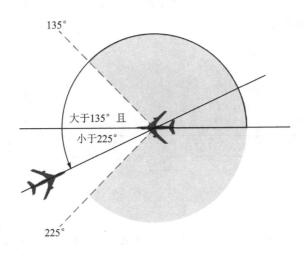

**图 2 - 11　逆向航迹上的航空器**

## 3. 基于时间的纵向间隔

（1）保持同高度的航空器

1）同航迹

同航迹、同高度、同速度飞行的航空器之间，纵向间隔为 10 min，如图 2 - 12 所示。

对于同航迹、同高度、不同速度飞行的航空器，当前行航空器保持的真空速比后随航空器快

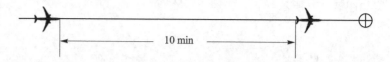

图 2 - 12　在同一高度层、同航迹速度飞行的航空器之间纵向间隔为 10 min

40 km/h(含)以上时,两架航空器飞越同一位置报告点后应当有 5 min 的纵向间隔(见图 2 - 13 (a));当前行航空器保持的真空速比后随航空器快 80 km/h(含)以上时,两架航空器飞越同一位置报告点后应当有 3 min 的纵向间隔(见图 2 - 13(b))。

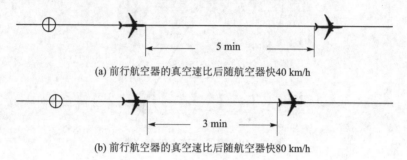

(a) 前行航空器的真空速比后随航空器快40 km/h

(b) 前行航空器的真空速比后随航空器快80 km/h

图 2 - 13　同一高度层、同航迹上不同速度的航空器之间的纵向间隔

2) 航迹交叉

在同高度上,航迹交叉飞行的两架航空器,在相互穿越对方航路中心线或者航线时,应当有 15 min 的纵向间隔(见图 2 - 14);如果可以利用导航设备经常测定位置和速度,则应当有 10 min 的纵向间隔(见图 2 - 15)。

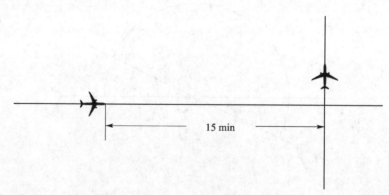

图 2 - 14　在同一高度层交叉航迹上的航空器之间应当有 15 min 的纵向间隔

(2) 改变高度的航空器

1) 同航迹

改变高度的航空器,穿越同航迹的另一航空器的高度层,在上升/下降至被穿越航空器的上/下一个高度层之间,与被穿越的航空器之间应当有 15 min 的纵向间隔(见图 2 - 16);如果能够利用导航设备经常测定位置和速度,则可以缩小为 10 min 的纵向间隔(见图 2 - 17);前后两架航空器飞越同一位置报告点,如果后一架航空器在飞越位置报告点 10 min 内开始穿越,那么其中改变高度的航空器与被穿越航空器之间应当有 5 min 的纵向间隔(见图 2 - 18)。

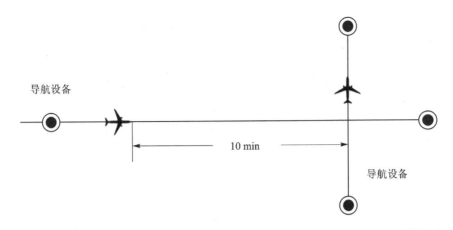

**图 2 - 15    利用导航设备在同一高度层交叉航迹上的航空器之间应当有 10 min 的纵向间隔**

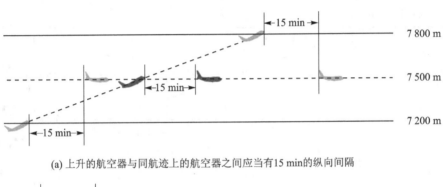

(a) 上升的航空器与同航迹上的航空器之间应当有15 min的纵向间隔

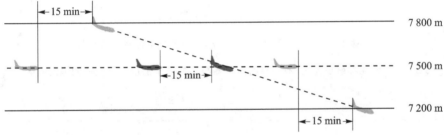

(b) 下降的航空器与同航迹上的航空器之间应当有15 min的纵向间隔

**图 2 - 16    上升/下降的航空器与同航迹上的航空器之间的纵向间隔**

2）逆向飞行

改变高度的航空器,穿越逆向飞行的另一航空器的高度层时,如果在预计相遇点前 10 min,则可以上升或者下降至被穿越航空器的上或者下一个高度层(见图 2 - 19);如果在预计相遇点后 10 min,则可相互穿越或者占用同一高度层(见图 2 - 20);如果接到报告,两架航空器都已经飞越同一全向信标台、无方向信标台或者测距台定位点 2 min 后,则可以相互穿越或者占用同一高度层(见图 2 - 21)。

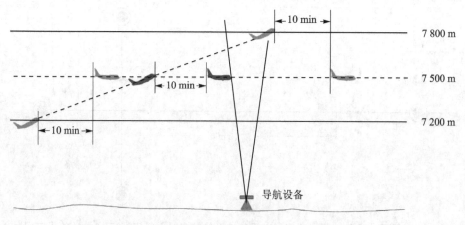

(a) 上升的航空器与同航迹上的航空器之间应当有10 min的纵向间隔

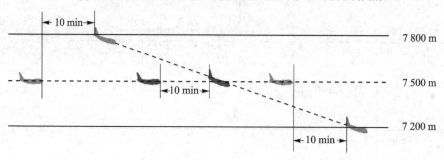

(b) 下降的航空器与同航迹上的航空器之间应当有10 min的纵向间隔

**图 2－17   利用导航设备上升/下降的航空器与同航迹上的航空器之间的纵向间隔**

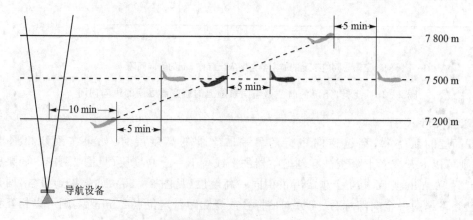

(a) 上升的航空器与被穿越航空器之间应当有5 min的纵向间隔

**图 2－18   改变高度的航空器与被穿越航空器之间的纵向间隔**

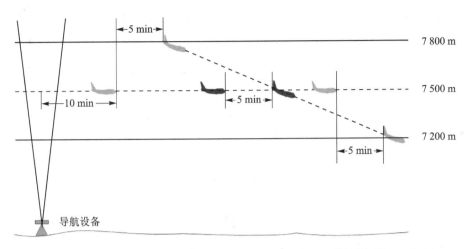

(b) 下降的航空器与被穿越航空器之间应当有5 min的纵向间隔

**图 2 – 18　改变高度的航空器与被穿越航空器之间的纵向间隔(续)**

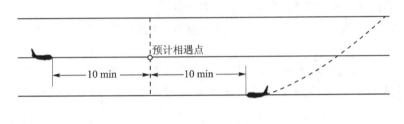

**图 2 – 19　逆向航迹上的航空器之间有 10 min 的纵向间隔(相遇前)**

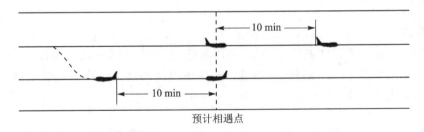

**图 2 – 20　逆向航迹上的航空器之间有 10 min 的纵向间隔(相遇后)**

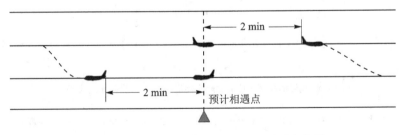

**图 2 – 21　逆向航迹上的航空器之间的纵向间隔**

当两架航空器在相距不小于 50 km 的两个导航设备外侧逆向飞行时,如果能够保证在飞越导航设备时,彼此已经上升或者下降到符合垂直间隔规定的高度层,则可以在飞越导航设备前相互穿越,如图 2 - 22 所示。

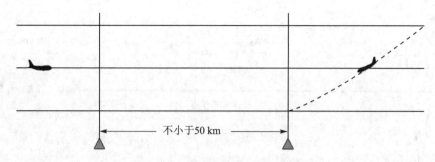

不小于50 km

图 2 - 22　在两个导航台之外的间隔

**4. 基于距离的纵向间隔**

(1) 设备要求

使用测距台配备纵向间隔时,应当符合下列条件:

① 机载和地面测距设备经过校验符合规定标准,并正式批准使用,且航空器位于其测距有效范围之内;

② 有关的航空器之间以及航空器与管制员之间已建立同频双向联络;

③ 使用测距台实施飞行间隔配备的两架航空器应当同时使用经过核准的同一测距台测距;

④ 当一架航空器能够使用测距台定位,而另一架航空器不能使用测距台定位时,不得使用测距台配备纵向间隔。

(2) 保持同高度的航空器

1) 同航迹

当同航迹、同高度飞行的航空器,同时使用航路、航线上的同一测距台(DME)测距时,纵向间隔为 40 km,如图 2 - 23(a)所示;当前行航空器保持的真空速比后随航空器快 40 km/h(含)以上时,纵向间隔为 20 km,如图 2 - 23(b)所示。

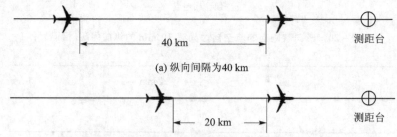

40 km

(a) 纵向间隔为40 km

20 km

测距台

(b) 前行航空器的真空速比后随航空器快40 km/h时纵向间隔为20 km

图 2 - 23　基于 DME 测距同一高度同航迹上的航空器之间的纵向间隔

2) 航迹交叉

当同高度、航迹交叉飞行的两架航空器,航迹差小于 90°,同时使用位于航迹交叉点的测距台测距时,纵向间隔为 40 km,如图 2-24(a)所示;当前行航空器保持的真空速比后随航空器快 40 km/h(含)以上时,纵向间隔为 20 km,如图 2-24(b)所示。

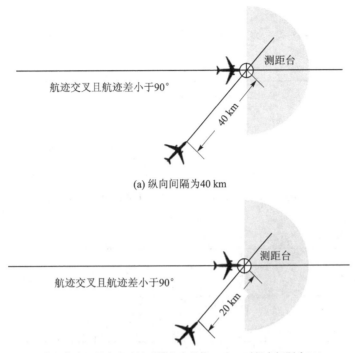

(a) 纵向间隔为40 km

(b) 前行航空器的真空速比后随航空器快40 km/h时纵向间隔为20 km

**图 2-24 基于 DME 同一高度交叉航迹上的航空器的纵向间隔**

(3) 改变高度的航空器

1) 同航迹

同航迹飞行的两架航空器同时使用航路、航线上的同一测距台测距定位,当一架航空器穿越另一架保持平飞的航空器所在的高度层时,应当保持不小于 20 km 的纵向间隔上升或者下降至被穿越航空器的上或者下一个高度层,如图 2-25 所示。

2) 逆向飞行

逆向飞行的航空器同时使用航路上的同一测距台测距定位,只有当两架航空器已相遇过且相距最小 20 km 时,方可相互穿越或者占用同一高度层,如图 2-26 所示。

**5. 基于马赫数技术的纵向间隔**

使用马赫数时,应当以真马赫数为依据。当采用马赫数技术 10 min 的纵向间隔时,前行航空器必须保持等于或者大于后随航空器所保持的马赫数。

当采用马赫数技术为航空器配备纵向间隔时,沿同航迹平飞、上升或者下降飞行的喷气式航空器之间的纵向间隔应当符合下列规定:

① 10 min;

② 当前行航空器比后随航空器保持更大的马赫数时,航空器之间的间隔按照如下规定

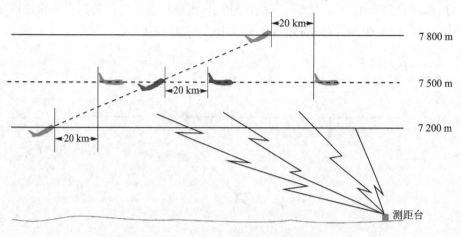

(a) 上升航空器与同航迹航空器之间基于DME有20 km的纵向间隔

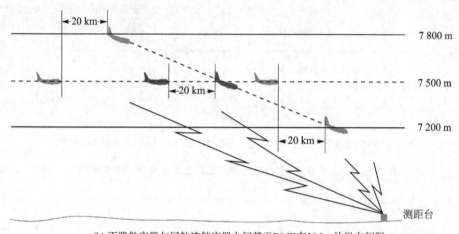

(b) 下降航空器与同航迹航空器之间基于DME有20 km的纵向间隔

**图 2-25　上升/下降航空器与同航迹航空器之间基于 DME 有 20 km 的纵向间隔**

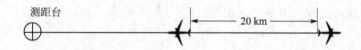

**图 2-26　逆向航迹上的航空器之间基于 DME 有 20 km 的纵向间隔**

执行：

- 9 min：前行航空器比后随航空器快 0.02 个马赫数；
- 8 min：前行航空器比后随航空器快 0.03 个马赫数；
- 7 min：前行航空器比后随航空器快 0.04 个马赫数；
- 6 min：前行航空器比后随航空器快 0.05 个马赫数；
- 5 min：前行航空器比后随航空器快 0.06 个马赫数。

在使用马赫数技术采用基于时间的纵向间隔标准的航路上，喷气式航空器应当按照管制员同意的马赫数飞行，如需改变马赫数，应当得到管制员的同意。由于航空器的性能原因，在航路上升或者下降中不能保持原有的马赫数,航空器驾驶员应当在请求上升或者下降时通知管制员。由于颠簸等原因必须立即对航空器的马赫数做暂时改变时,航空器驾驶员应当将所做改变尽快通知管制员。

**6. 基于性能导航的纵向间隔**

（1）无 ADS(自动相关监视)

航空器在使用所需导航性能值为 10(RNP10)的航路运行时,如果管制员不能通过契约式自动相关监视设施观察到航空器的位置,则管制员与航空器驾驶员可通过直接的话音或者管制员-驾驶员数据链通信(CPDLC)联系获取位置,位置报告频率不低于每 24 min 一次,在同一航迹上巡航、上升或下降的航空器之间纵向间隔标准为 100 km。当航空器未能在预计的时间报告其位置时,管制员应当在 3 min 之内采取措施设法与该航空器建立通信联系。如果在航空器预计报告位置时间的 8 min 内仍未能够建立通信联系,则管制员应当采取措施为航空器配备其他间隔。

（2）有 ADS

1）同航迹

航空器在使用所需导航性能值为 10(RNP10)的航路运行时,如果管制员能够通过契约式自动相关监视设施观察到航空器的位置,那么当契约式自动相关监视位置报告频率不低于每 27 min 一次时,在同一航迹上巡航、上升或下降的航空器之间的间隔标准为 100 km。

航空器在使用所需导航性能值为 4(RNP4)的航路运行时,如果管制员能够通过契约式自动相关监视设施观察到航空器的位置,那么当契约式自动相关监视位置报告频率不低于每 32 min 一次时,在同一航迹上巡航、上升或下降的航空器之间的间隔标准为 100 km;当契约式自动相关监视位置报告频率不低于每 14 min 一次时,在同一航迹上巡航、上升或下降的航空器之间的间隔标准为 60 km,如表 2-4 所列。

表 2-4　在 RNP 航路上同航迹航空器之间的间隔

| RNP 航路 | ADS | 位置报告频率/<br>（ min · 次$^{-1}$） | 间隔/km |
|---|---|---|---|
| RNP10 | 无 | 24 | 100 |
| RNP10 | 有 | 27 | 100 |
| RNP4 | 有 | 32 | 100 |
| RNP4 | 有 | 14 | 60 |

当采用本项的间隔标准时,管制员与航空器驾驶员应当建立正常的通信联系,管制员所使用的主用通信手段,应当能够在 4 min 内干预和解决潜在的冲突;所使用的备用通信手段,应当能够在 10.5 min 内干预和解决潜在冲突。

如果利用契约式自动相关监视系统的航空器周期位置报告或者航路点位置报告超出规定的报告时限 3 min,则该位置报告视为无效,管制员应当尽快采取措施重新获得位置报告;如果超出规定的报告时限 6 min,且可能失去与其他航空器的间隔,则管制员应当尽快采取措施解决可能的冲突。管制员所使用的通信手段应当保证能够在随后的 7.5 min 内解决冲突。

2) 逆向飞行

如果管制员能够通过契约式自动相关监视设施观察到航空器的位置,那么对于反向航迹上逆向飞行的航空器,在两航空器相遇且达到以上规定的纵向间隔后,方可上升、下降或者穿越另一航空器所占用的高度层。

# 2.4　目视飞行水平间隔

目视飞行水平间隔标准是指按目视飞行规则飞行的航空器所应保持的最小水平距离。按目视飞行规则飞行时,航空器驾驶员必须加强空中观察,并对保持航空器之间的水平间隔的正确性负责。

## 2.4.1　气象条件

航空器按照目视飞行规则飞行时,应当满足规定的气象条件,在高度 3 000 m(含)以上飞行时,能见度不得低于 8 km;在高度 3 000 m 以下飞行时,能见度不得低于 5 km。在飞行过程中与云水平距离不得小于 1 500 m,垂直距离不得小于 300 m(见表 2-5)。

表 2-5　目视飞行规则的最低天气标准表

| 指示空速(IAS) | ≤250 km/h |
|---|---|
| 能见度 | ≥8 km(3 000 m 含以上) |
| | ≤5 km(3 000 m 以下) |
| 距云水平距离/m | ≥1 500 |
| 距云垂直距离/m | ≥300 |
| 限制:①经管制单位批准;②当 IAS>250 km/h 时,通常只在起落航线上执行目视飞行规则;③当 IAS>450 km/h 或者 6 000 m 以上时,通常按仪表飞行规则飞行 | |

## 2.4.2　水平间隔

指示空速在 250 km/h(含)以上时,同航迹、同高度目视飞行的航空器之间的纵向间隔为 5 km;指示空速在 250 km/h 以下时,同航迹、同高度目视飞行的航空器之间的纵向间隔为 2 km。对于云下目视飞行进场的航空器,当进场航向与着陆航向相同或者相差不大于 45°,地形条件许可,航空器驾驶员熟悉机场情况,并且不影响其他航空器进入时,可以安排该航空器直接进近。

# 2.5　飞行中等待航空器的间隔

在空中交通管理中,管制单位可能会采用等待策略来调节空中流量,调配航空器之间的间隔,有序安排航空器进场次序,从而保障航空器运行安全。飞行中等待是指航空器在等待管制单位作进一步许可或进近许可时,在指定空域内按一定程序所进行的预定的机动飞行。空管单位通常指挥航空器在指定的等待定位点等待,必须配备与其他航空器之间所需的最低垂直、水平间隔。航空器在等待时,必须按照民航局指定的并在《航行资料汇编》中公布的程序等待。

## 2.5.1　水平间隔

在进近或区域管制空域内,需要在定位点上空划设等待空域,以便满足调整飞行顺序、控制飞行流量、调整飞行间隔等的需要。等待航空器可以在不同的定位点上空等待飞行,但这些等待航线空域和保护空域不得互相重叠,否则应当为在相邻等待航线上飞行等待的航空器之间配备垂直间隔。

进场、离场或者航路上飞行的航空器与等待航线空域之间应不小于 5 min 的间隔,否则,管制员应当为进场、离场或者航路上飞行的航空器与在等待航线上飞行等待的航空器之间配备垂直间隔,如图 2-27 所示。

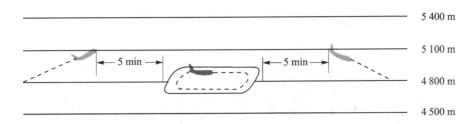

图 2-27　等待航空器与在航路上航空器的间隔

## 2.5.2　垂直间隔

机场等待空域的飞行高度层配备,从 600 m 开始,每隔 300 m 为一个高度层。最低等待高度层距离地面最高障碍物的真实高度不得小于 600 m,距离仪表进近程序起始高度不得小于 300 m。

航路等待空域的飞行高度层配备,8 400 m 以下,每隔 300 m 为一个等待高度层;8 400～8 900 m,每隔 500 m 为一个等待高度层;8 900～12 500 m,每隔 300 m 为一个等待高度层;12 500 m 以上,每隔 600 m 为一个等待高度层,如图 2-28 所示。航路等待空域的最低飞行高度层不得低于航线最低飞行高度。

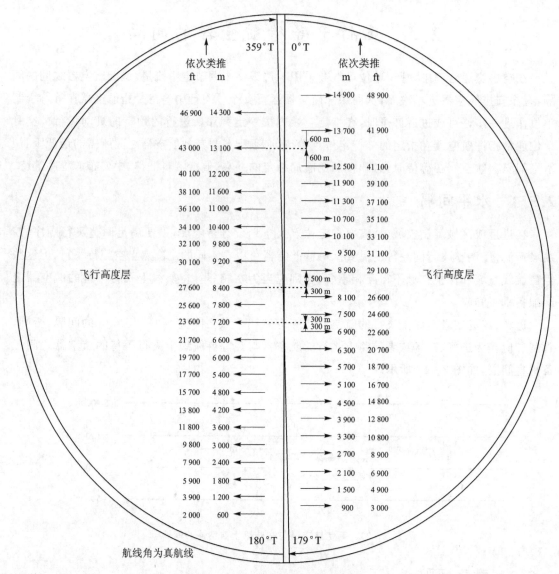

图 2-28 等待高度层配备表

# 2.6 离场航空器之间的间隔

离场是航空器起飞至加入航路(线)点之间的飞行过程。通常情况下,应当按照规定的标准仪表离场程序执行,用标准仪表离场图表示。离场航空器之间的间隔,根据不同的航行诸元(航迹、速度、高度等)规定了不同的间隔标准。空管单位在考虑满足安全间隔的同时,还要尽可能减少航空器地面等待时间,提高空管运行效率。

## 2.6.1 前、后离场航空器同速度

同一机场连续放行数架同速度的航空器,间隔标准应当符合下列规定:

① 前、后航空器同航迹同高度飞行时,间隔为 10 min,如图 2 - 29 所示;

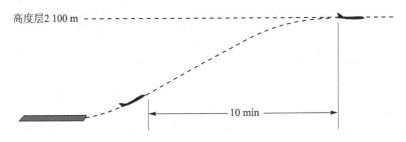

**图 2 - 29　同航迹同高度离场间隔为 10 min**

② 前、后航空器同航迹不同高度飞行时,间隔为 5 min,如图 2 - 30 所示;

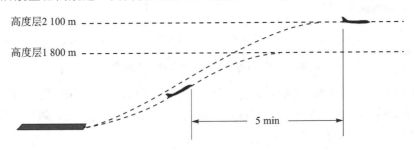

**图 2 - 30　同航迹不同高度离场间隔为 5 min**

③ 前、后航空器在不同航迹上飞行,航迹差大于 45°,起飞后立即实行横向间隔,为 2 min,如图 2 - 31 所示。

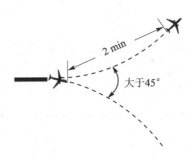

**图 2 - 31　不同航迹离场时应当有 2 min 的横向间隔**

## 2.6.2　前、后离场航空器同航迹不同速度

同一机场连续放行数架同航迹不同速度的航空器,间隔标准应当符合下列规定:

① 前面起飞的航空器的速度比后面起飞的航空器快 80 km/h(含)以上时,间隔为 2 min,如图 2 - 32(a)所示;

② 当速度小的航空器在前,速度大的航空器在后,速度大的航空器穿越前方速度小的航空器的高度层并到达速度小的航空器的上一个高度层时,应当有 5 min 的纵向间隔,如图 2 - 32(b)所示;

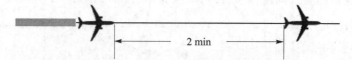

(a) 前面起飞的航空器的速度比后面起飞的航空器快80 km/h时间隔为2 min

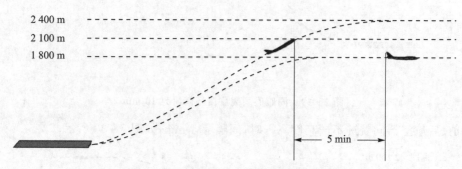

(b) 速度大的航空器到达上一个高度层时,纵向间距为5 min

**图 2 - 32　同航迹不同速度离场的间隔**

③ 速度小的航空器在前,速度大的航空器在后,如果同高度飞行,则应当保证在到达着陆机场上空或者转入另一航线或者改变高度层以前,后航空器与前航空器之间应当有 10 min 的纵向间隔,如图 2 - 33 所示。

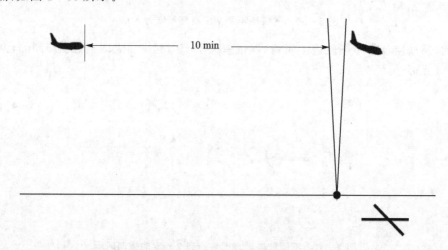

**图 2 - 33　同高度同航迹不同速度时应当有 10 min 的纵向间隔**

## 2.6.3　前、后离场航空器不同航迹不同速度

同一机场连续放行数架不同航迹、不同速度的航空器,间隔标准应当符合下列规定:

① 速度大的航空器在前,速度小的航空器在后,航迹差大于 45°,并在起飞后立即实行横向间隔,为 1 min;

② 速度小的航空器在前,速度大的航空器在后,航迹差大于 45°,并在起飞后立即实行横向间隔,为 2 min,如图 2 - 34 所示。

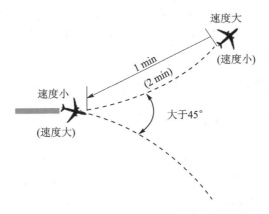

**图 2 - 34　不同航迹不同速度离场航空器之间的横向间隔**

# 2.7　离场与进场航空器之间的间隔

在机场管制运行中,机场管制席管制员需要根据进场航空器的位置判断是否对离场航空器发布起飞许可,离场航空器与进场航空器的间隔大小与进场航空器的进近程序有关,见图 2 - 35。

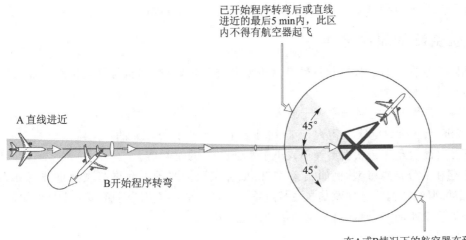

**图 2 - 35　离场与进场航空器之间的间隔**

## 2.7.1　进场航空器按照完整的仪表进近程序进近

当进场航空器按照完整的仪表进近程序进近时,离场航空器距进场航空器的间隔应当符合下列规定:

① 在进场航空器开始进行程序转弯或者基线转弯转入最后进近航段之前,离场航空器可以起飞;

② 在进场航空器开始进行程序转弯或者基线转弯转入最后进近航段之前,离场航空器可以与进近反方向成至少 45°以上角度的方向起飞,且起飞需在进场航空器预计飞越仪表跑道进近方向起始端 3 min 前进行,见图 2 - 35。

## 2.7.2　进场航空器按照直线进近程序进近

当进场航空器按直线进近程序进近时,离场航空器距进场航空器的间隔应当符合下列规定:

① 在进场航空器预计飞越仪表跑道起始端 5 min 之前,离场航空器可以起飞;

② 在进场航空器预计飞越仪表跑道起始端 3 min 以前或进近航迹上的指定定位点之前,离场航空器可以与进近反方向成至少 45°以上的角度的方向起飞,见图 2 - 35。

# 2.8　基于时间的尾流间隔

国际民航组织(ICAO)对尾流间隔标准作了详细的规定,而尾流间隔包括非雷达尾流间隔和雷达尾流间隔,分别以时间和距离表示。在管制运行过程中,根据管制环境来确定使用的尾流间隔类型,严格掌握尾流间隔标准,合理安排航空器的起降次序,加快空中交通流量。如有需要,相邻管制单位应互相通报移交航空器的尾流等级,特别是重型机。尾流间隔标准是空管工作中不可忽视的重要原则。本节将主要介绍非雷达尾流间隔。

## 2.8.1　航空器的尾流分类

尾流间隔标准在运行过程中根据航空器机型种类而定,航空器机型种类按航空器最大允许起飞全重分为下列三类:

① 重型机:最大允许起飞全重等于或大于 136 000 kg 的航空器;

② 中型机:最大允许起飞全重大于 7 000 kg 且小于 136 000 kg 的航空器;

③ 轻型机:最大允许起飞全重等于或小于 7 000 kg 的航空器。

此外还存在部分特殊机型,例如波音 757。该种机型按照最大允许起飞全重被划分为中型,但由于该机型的结构特点导致其在飞行过程中所产生的尾流相当于重型航空器的尾流,因此当前机是波音 757 时,按照前机为重型机的尾流间隔执行。

## 2.8.2　起飞离场的非雷达尾流间隔

### 1. 跑道端起飞

当使用下述跑道起飞,前后起飞离场的航空器分别为重型机和中型机,重型机和轻型机,中型机和轻型机时,其非雷达尾流间隔不得少于 2 min;前后起飞离场的航空器分别为 A380 - 800 型机和中型机,A380 - 800 型机和轻型机时,其非雷达尾流间隔不得少于 3 min;前后起飞离场的航空器为 A380 - 800 型机和其他重型机时,其非雷达尾流间隔不得少于 2 min。

① 同一跑道;

② 平行跑道,且跑道中心线之间的距离小于 760 m(见图 2 - 36);

③ 交叉跑道,且后方航空器将在前方航空器的同一高度上,或者低于前方航空器且高度差小于 300 m 的高度上穿越前方航空器的航迹(见图 2 - 37);

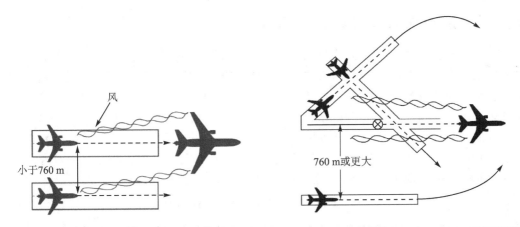

**图 2 - 36　同一跑道或间距不足 760 m 平行跑道起飞　图 2 - 37　交叉跑道或间距大于 760 m 平行跑道起飞**

④ 平行跑道,跑道中心线之间的距离大于 760 m,但是,后方航空器将在前方航空器的同一高度上,或者低于前方航空器且高度差小于 300 m 的高度上穿越前方航空器的航迹(见图 2 - 37)。

航空器使用同一跑道在进行训(熟)练飞行连续起落时,除后方航空器驾驶员能保证在高于前方航空器航径的高度以上飞行外,其尾流间隔时间应当在现行标准基础上增加 1 min。

**2. 跑道中部起飞**

当使用下述跑道起飞,前后起飞离场的航空器分别为重型机和中型机,重型机和轻型机,中型机和轻型机时,其非雷达尾流间隔不得少于 3 min;前后起飞离场的航空器分别为 A380 - 800 型机和中型机,A380 - 800 型机和轻型机时,其非雷达尾流间隔不得少于 4 min(见图 2 - 38):

① 同一跑道的中间部分;

② 跑道中心线之间的距离小于 760 m 的平行跑道的跑道中间部分。

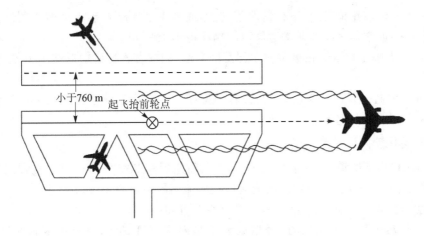

**图 2 - 38　跑道中间起飞离场非雷达尾流间隔**

### 2.8.3　进近着陆的非雷达尾流间隔

　　两架航空器前后进近着陆时,在满足进近间隔的前提下,还需满足尾流间隔。当前后进近着陆的航空器为重型机和中型机时,其非雷达尾流间隔不得少于 2 min;当前后进近着陆的航空器为重型机和轻型机时,其非雷达尾流间隔不得少于 3 min;当前后进近着陆的航空器为中型机和轻型机时,其非雷达尾流间隔不得少于 3 min;当前后进近着陆的航空器为 A380 - 800 型机和其他重型机时,其非雷达尾流间隔不得少于 2 min;当前后进近着陆的航空器为 A380 - 800 型机和中型机时,其非雷达尾流间隔不得少于 3 min;当前后进近着陆的航空器为 A380 - 800 型机和轻型机时,其非雷达尾流间隔不得少于 4 min(见表 2 - 6)。

表 2 - 6　进近着陆航空器之间非雷达尾流间隔

min

| 前机<br>后机 | A380 - 800 | 重型机 | 中型机 | 轻型机 |
|---|---|---|---|---|
| A380 - 800 | — | — | — | — |
| 重型机 | 2 | — | — | — |
| 中型机 | 3 | 2 | — | — |
| 轻型机 | 4 | 3 | 3 | — |

　　当前后进近着陆的航空器在起落航线上且处于同一高度或者后随航空器低于前行航空器时,若进行高度差小于 300 m 的尾随飞行或者航迹交叉飞行,则前后航空器的非雷达尾流间隔应当按照上述规定执行。

### 2.8.4　使用入口内移的非雷达尾流间隔

**1. 非雷达尾流间隔不得小于 2 min**

　　当使用入口内移跑道时,在下列情况下,轻型或者中型航空器和重型航空器之间,以及轻型航空器和中型航空器之间的非雷达尾流间隔不得小于 2 min:

　　① 轻型或者中型航空器在重型航空器着陆后起飞,或者轻型航空器在中型航空器着陆后起飞;

　　② 当飞行航迹预计有交叉时,轻型或者中型航空器在重型航空器起飞之后着陆,以及轻型航空器在中型航空器起飞之后着陆。

**2. 非雷达尾流间隔不得小于 3 min**

　　当使用入口内移跑道时,在下列情况下,轻型航空器和 A380 - 800 型航空器之间,以及中型航空器和 A380 - 800 型航空器之间的非雷达尾流间隔不得小于 3 min:

　　① 轻型或中型航空器在 A380 - 800 型航空器着陆后起飞;

　　② 当飞行航迹预计有交叉时,轻型或者中型航空器在 A380 - 800 型航空器起飞之后着陆。

### 2.8.5　反向运行的非雷达尾流间隔

　　在下述情况中,当较重尾流种类的航空器正在低空通场或者复飞时,轻型或者中型航空器与重型航空器之间、轻型航空器与中型航空器之间的非雷达尾流间隔不得小于 2 min,在轻型航空器或者中型航空器与 A380 - 800 型航空器之间的非雷达尾流间隔不得小于 3 min(见图 2 - 39):

　　① 较轻尾流种类的航空器使用反向跑道起飞;

　　② 较轻尾流种类的航空器同一跑道做反向着陆;

　　③ 较轻尾流种类的航空器在间隔小于 760 m 的平行反向跑道着陆。

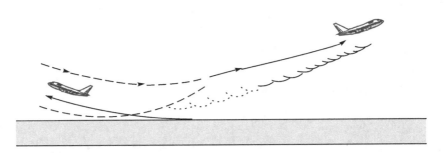

图 2 - 39　反向运行航空器之间的非雷达尾流间隔

# 2.9　间隔标准的降低

　　如果适当的安全评估表明能保持一个可以接受的安全水平并与空域用户进行事先磋商,则在满足其规定条件后可以适当降低水平间隔。

## 2.9.1　适用条件

　　降低 2.3 节中规定的仪表飞行水平间隔,应当满足以下条件之一:

　　① 航空器驾驶员可以通过特殊电子助航设备或者其他助航方式准确确定航空器位置,并且可以通过可靠的通信设备,将其位置及时地发送给管制单位;

　　② 通过迅速可靠的通信设备,管制单位可以从监视系统及时获得航空器位置;

　　③ 利用特殊的电子助航设备或者助航方式,管制单位可以迅速、准确地预计航空器飞行航径,并可以依据可靠的设备经常核实航空器的实际位置与预计位置;

　　④ 装备有区域导航设备的航空器在电子导航设备信号覆盖范围内飞行,并且信号能及时更新,保证其导航精度。

## 2.9.2　在塔台和进近管制区内的适用条件

　　在塔台和进近管制区内,降低 2.3 节中规定的仪表飞行水平间隔,应当满足以下条件之一:

　　① 管制员可以目视观察到本管制区内所有航空器,并能够配备适当的间隔;

　　② 每架航空器始终可以被与其相关的航空器驾驶员目视,并且所有相关航空器驾驶员报告能够自行保持间隔;

　　③ 一架航空器跟随另一航空器飞行,后方航空器驾驶员报告可以看见前方航空器,并且能够保持间隔。

　　根据 2.9.1 小节和 2.9.2 小节降低间隔标准的,应当按照空中交通管理规则的相关规定申请运行变更,且运行时间不得少于 6 个月。

# 思考题

1. 简述目视飞行条件下航空器与地面障碍物之间的垂直间隔标准。
2. 简述仪表飞行条件下航空器与地面障碍物之间的垂直间隔标准。
3. 简述基于时间的航空器尾流间隔标准。
4. 简述飞行中等待航空器的水平间隔。
5. 简述基于马赫数技术的纵向间隔。
6. 简述基于距离纵向间隔的使用条件。

# 第3章 进近管制服务

进近管制服务是对进场或离场受管制的航空器提供的空中交通管制服务。在整个飞行过程中,航空器在进场或离场阶段接受进近管制服务,完成航路和机场之间的飞行转换。进近管制服务包括空中交通管制服务、飞行情报服务和告警服务。作为一个管制单位,进近管制单位需要明确工作职责,设置不同岗位并形成完备的管理手册。在提供程序管制的管制服务过程中,应遵守科学合理的工作程序,确保航空器按照进离场飞行程序安全运行。进近管制空域进离场穿越较多,冲突复杂,进近管制员应对其责任空域形成科学、全面的冲突解脱方法和管制指挥策略。

## 3.1 服务内容

进近管制向进场或者离场飞行阶段接受管制的航空器提供空中交通管制服务,应按照区域管制单位的需求将离场航空器从起飞阶段过渡到航路巡航阶段,并按照塔台管制单位的需求将进场航空器从航路运行阶段过渡到进近阶段。进近管制员既要正确处理进离场航空器的飞行冲突,避免航空器相撞,还要合理安排进场航空器的进近次序,加速空中交通有序流动。同时,为了确保航空器安全有效地实施飞行活动,进近管制单位还应提供情报服务和告警服务。

### 3.1.1 空中交通管制服务

进近管制服务涉及航空器进场、离场和飞越等多种情况,进离场航空器由于高度上升和下降的需要会导致航空器之间的高度穿越,飞越航空器对进场或离场航空器都可能产生高度穿越需求(或冲突调配需求)。除北京、上海等大型机场建立单向走廊以外,在其他未规划单向走廊的进近空域内,进离场航空器之间穿越较多且进离场航线距离较短导致调配时间受限,可能产生较多潜在的飞行冲突。进近管制员应实时掌控空中交通动态,分析判断航空器冲突,及时发布管制指令,有效实施管制指挥,并做好必要的通报协调工作。

**1. 获取航空器飞行计划和航空器飞行动态**

进近管制需要基于进离场航空器的飞行计划和航空器实际运行过程形成的空中交通态势进行。进近管制由于涉及进离场之间的穿越较多,所以需要提前获取航空器飞行计划,并且管制员将以此为依据做好整体管制预案。由于航空器实际运行同飞行计划存在着一定的差异,所以需要持续关注航空器动态信息,便于进近管制员对管制预案进行优化调整。同时,根据进程单信息和航空器驾驶员位置报告,全面掌握航空器飞行动态,以便管制员对管制方案实施效果进行跟踪、评估并实时调整。

**2. 确定航空器位置及其相对关系**

进近管制空域内,空中交通管制服务的核心任务是依据间隔标准完成进场航空器下降高度和离场航空器上升高度的冲突解脱及对进场航空器进近次序的安排。在程序管制方式下，间隔标准种类繁多，间隔适用条件不尽相同，航空器所处进离场航线位置以及相对关系的差异会导致适用间隔标准的不同。同时，随着空中交通态势的变化，当前使用间隔标准的条件也可能不再成立，从而导致当前间隔标准的失效。进近管制员需要在飞行计划对航空器位置关系进行预判的基础上，随时根据进程单和航空器驾驶员的位置报告信息，确定航空器的高度、位置和飞行趋势等信息，及时判断航空器间相对位置关系，选择适用的间隔标准，并确保航空器之间在当前使用间隔消失之前建立其他适用间隔标准。只有确定航空器位置及其相对关系，才能采用合适的间隔标准进行冲突调配，并获取管制空域内空中交通的运行态势，对管制方案的实施情况进行评估。

**3. 发布空中交通管制许可与指令**

空中交通管制许可与指令的发布是管制指挥工作最直观的体现。管制员需要通过无线电陆空通话指令或数据链系统，将管制指挥方案以标准陆空通话或数据链通信的方式传输给航空器驾驶员。进近管制员在管制指挥过程中应该做好飞行动态预判，快速判断冲突时间和位置，把握好指令发布时机，争取提前规避飞行冲突，维持良好的空中交通秩序。为了保障航空器安全高效的运行，进近管制员还应当及时发布飞行情报，对于相邻高度、相对飞行、颠簸区域等情况需要及时对航空器驾驶员提供空中活动情报通报。同时，对于交通繁忙导致管制工作负荷较高的情况，进近管制员应关注冲突热点，合理把握指令发布顺序，维持空中交通秩序，保障运行安全。

**4. 保持同管制单位的通报协调**

当航空器可能与其他管制单位管制下的航空器发生冲突时，或者在将航空器移交给其他管制单位之前，应当向该管制单位通报飞行动态和计划等信息，并进行必要的协调。

## 3.1.2　飞行情报服务

飞行情报服务是向飞行中的航空器提供有助于安全和有效实施飞行的建议及情报。

**1. 进近情报服务内容**

进近管制应向提供空中交通管制服务的航空器和辖区内其他航空器提供飞行情报服务。飞行情报服务主要包括：

① 天气预报，包括重要气象情报、航空气象情报、火山信息、机场的天气预报及实况信息；

② 设备设施变化的情报，包括进近范围内无线电导航设备可用性变化情报、机场及有关设施变动情报；

③ 空中交通情报，包括进近范围内无人机的情报、无人自由气球的情报、航空器可能发生相撞危险的情报、向水域上空飞行航空器提供的任何有用的情报；

④ 为目视飞行规则的飞行提供飞行情报服务时，还应当包括航路上可能导致其不能继续按目视飞行规则飞行的交通情况和气象条件。

**2. 本场气象报告**

飞行情报服务所包括的有关无线电导航服务与机场的气象情报和运行情报，应按照运行所需格式提供。飞行情报服务所包括的有关气象情报，应按规定的内容和顺序发布，飞行情报服务广播主要分 3 种：高频(High Frequency, HF)、甚高频(Very High Frequency, VHF)和自动终端情报服务（Automatic Terminal Information Service，ATIS）。

进近管制单位对于进入管制空域的航空器应通过 VHF 提供本场例行天气报告（Local routine Meteorological Report，MET REPORT）和特殊天气报告（Local Special Meteorological Report，SPECIAL）。

例行天气报告一般包含如下信息：地面风、能见度、跑道视程、云、气温、气压、补充情报及趋势预报等信息。

示例：

CCA101，met report Dongfang，wind 320 degrees3 metres per second，visibility 3000 metres，cloud broken 500 metres，temperature 20，QNH 1008.

国航幺洞幺，东方机场气象报告，风向三两洞，风速三米秒，能见度三千米，多云，云底高五百米，温度两洞，修正海压幺洞洞八。

特殊天气报告一般包括如下信息：重要气象情报、低空气象情报、风切变警报及告警、特殊空中报告和机场警报、收到的尚未包含在已发布重要气象情报中的火山灰云情报、收到的关于喷发前火山活动和（或）火山喷发的情报。

有条件的机场可以通过自动终端情报服务或数字化自动航站情报服务（Digital Automatic Terminal Information Service，D-ATIS）获取相关情报。我国规定年起降超过 36 000 架次的机场，为了减轻空中交通管制甚高频陆空通信波道的通信负荷，应当设立自动终端情报服务系统，为进、离场航空器提供信息服务。提供自动终端情报服务时可以选择下列方式之一：

① 向进场航空器提供服务的通播；

② 向离场航空器提供服务的通播；

③ 同时向进场和离场航空器提供服务的通播；

④ 若为进场和离场航空器同时服务的通播播放一遍所需时间过长，则应当为进场与离场的航空器分别提供通播。

（1）通播时间

航站自动终端情报服务系统的通播时间应满足以下要求：

① 进场航空器进入进近（塔台）空域前 30 min 开始；

② 离场航空器起飞前 30 min 开始；

③ 管制单位根据实际工作情况规定的播发时间。

（2）通播更新

自动终端情报服务通播应当在机场开放期间每小时更新一次，当通播的情报内容有重大变化时，应当立即更新。当同时提供话音和数字化自动航站情报服务时，话音通播和数字化自动航站情报服务应当同时更新。当气象条件变化迅速，不宜利用自动终端情报服务来提供天气情报时，应当在通播报文中说明，有关天气情报将在首次与有关管制单位联络时提供。

（3）通播内容

自动终端情报服务可以包含进离场情报，也可以只包含进场情报或离场情报。只为进场航空器提供服务的自动终端情报服务通播应当包含按照下列顺序排序的主要内容：

① 机场名称；

② 进场识别代号；

③ 通播代码;

④ 需要时,指明观测时间;

⑤ 预计进近类别;

⑥ 主用着陆跑道;

⑦ 重要的跑道道面情况,需要时提供道面刹车效应情况;

⑧ 需要时,延误的情况;

⑨ 过渡高度层;

⑩ 其他重要运行信息;

⑪ 地面风向风速;

⑫ 能见度、跑道视程;

⑬ 当前天气现象;

⑭ 低于 1 500 m 或者最高的扇区最低安全高度的云、积雨云、天空不明时可获得的垂直能见度;

⑮ 大气温度;

⑯ 露点温度;

⑰ 高度表拨正值;

⑱ 可获得的有关进近空域内的重要天气的情报,包括风切变和对运行有重要影响的最新的天气情报;

⑲ 可预测的天气变化趋势;

⑳ 其他自动终端情报服务信息。

## 3.1.3　告警服务

告警服务由民航局指定的管制单位提供并按照规定程序予以公布,目的是向有关组织发出需要搜寻援救航空器的通知,并根据需要协助该组织或者协调该项工作的进行。

管制单位应当向下列航空器提供告警服务:

① 接收其空中交通管制服务的航空器;

② 如可行,已申报飞行计划或者其了解情况的其他航空器;

③ 已知或者相信受到非法干扰的航空器。

**1. 紧急情况分类**

根据《民用航空空中交通管理规则》(CCAR - 93TM - R6)第 519 条,按照航空器紧急程度、遇险性质,可将紧急情况分为情况不明、告警、遇险三个阶段。

(1) 情况不明阶段

情况不明阶段是指以下任意一种情形:

① 30 min 未能与航空器建立或者保持正常的通信联络;

② 航空器在预计到达时间以后 30 min 内仍未到达。

符合以上条件,但管制单位能够确认航空器及其机上人员安全的除外。

(2) 告警阶段

告警阶段是指以下任意一种情形:

① 在不明阶段之后,继续设法与该航空器建立通信联络而未能成功,或者通过其他有关方面查询仍未得到关于该航空器的消息;

② 已经取得着陆许可的航空器,在预计着陆时间后 5 min 内尚未着陆,也未再取得通信联络;

③ 收到的情报表明,航空器的运行能力已受到损害,但尚未达到可能迫降的程度;

④ 已知或者相信航空器受到了非法干扰。

（3）遇险阶段

遇险阶段是指以下任意一种情形:

① 在告警阶段之后,进一步试图与该航空器联络而未成功或者通过广泛的查询仍无消息,表明该航空器已有遇险的可能性;

② 认为机上燃油已经用完,或者油量不足以使该航空器飞抵安全地点;

③ 收到的情报表明,航空器的运行能力已受到损害可能需要迫降;

④ 已收到的情报表明或有理由相信该航空器将要或已经迫降。

符合以上条件,但有充足理由确信航空器及其上人员未受到严重和紧急危险的威胁而不需要立即援助者除外。

**2. 采取的措施**

当发生遇险情况时,进近管制单位应当立即按规定通知有关援救协调单位,同时应尽快通知航空器的运营人。航空器处于不明或告警阶段后,应当尽可能先通知运营人,然后通知有关援救协调单位。当进近管制单位获悉或者相信某航空器已受到非法干扰时,不得在陆空通信中提及此状况。除航空器受到非法干扰外,当已确定某航空器处于紧急情况时,应当尽早将紧急状况通知到该航空器附近飞行的其他航空器。

当收到关于航空器情况不明、紧急、遇险的情况报告或者信号时,管制员应当迅速判明航空器紧急程度和遇险性质,立即按照情况不明、告警、遇险三个阶段的程序提供搜寻和救援服务。

（1）情况不明阶段

当航空器处于情况不明阶段时,应当采取如下措施:

① 立即报告值班领导并与有关管制单位联系;

② 按照航空器失去通信联络的程序工作;

③ 采取相应的搜寻措施,设法同该航空器沟通联络。

（2）告警阶段

当航空器处于告警阶段时,应当采取如下措施:

① 通知搜救协调单位做好准备,并报告值班领导;

② 开放通信、导航和监视设备进行搜寻;

③ 通知有关管制单位,开放通信、导航和监视设备进行搜寻;

④ 调配空中有关航空器避让,通知紧急状态的航空器改用备用频率,或者通知其他航空器暂时减少通话或者改用备用频率;

⑤ 当处于紧急状态的航空器尚无迫降危险时,根据航空器的情况,及时提供有利于飞行安全的指示,协助航空器驾驶员处理险情。

（3）遇险阶段

当航空器处于遇险阶段时，应当采取如下措施：

① 立即报告值班领导，通知有关报告室及其他管制单位，并按照《中华人民共和国搜寻援救民用航空器规定》通知有关援救协调单位；

② 将遇险航空器的推测位置、活动范围或航空器迫降地点通知救援协调单位；

③ 航空器在场外迫降时，应当尽可能查明航空器迫降情况和地点。

# 3.2　进近管制单位

进近管制单位是为一个或几个机场受管制的进离场航空器提供空中交通管制服务而设置的单位。按照管制单位日航班保障量的不同，进近管制单位可以划分五级。除了设施设备的部署外，进近管制单位还应根据管理要求和实际情况进行席位设置、管制人员安排，并形成完善的管理手册。

## 3.2.1　负责范围

进近管制空域通常是指在一个或者几个机场附近的航路、航线汇合处划设的、便于进场和离场航空器飞行的管制空域。它是高空管制空域或者中低空管制空域与机场管制地带之间的连接部分，其垂直范围通常在 6 000 m（含）以下最低高度层以上；水平范围通常为半径 50 km 或者走廊进出口以内的除机场塔台管制区以外的空间。进近管制单位可以根据需要与相邻管制单位协商对其管制空域范围进行调整。

## 3.2.2　工作职责

进近管制单位的主要工作是提供空中交通服务，包括空中交通管制服务、情报服务和告警服务；其主要工作职责包括：

### 1. 确保安全间隔

对按仪表飞行规则飞行的航空器之间的间隔负责，防止航空器与航空器相撞、航空器与地面障碍物相撞。

### 2. 提高运行效率

控制空中交通流量，加速运行，保证空中交通畅通，主要包括：

① 积极与其他单位取得协调，控制空中交通流量，确保单位时间内指挥航空器架次不超过最大保障能力；

② 为塔台管制单位安排落地间隔和次序；

③ 根据相邻管制单位流量控制，动态协调移交间隔；

④ 对航空器进行监控，了解、检查航空器的位置，防止航空器偏离规定航线误入限制空域。

### 3. 提供飞行情报服务

向航空器提供飞行情报服务，及时准确地为航空器提供飞行情报、气象情报、交通情报以及其他涉及飞行安全的情报。

#### 4. 严格执行管制程序

严格执行管制协议及相关规定,主要包括:

① 按照管制协议,正确实施与区域管制单位、塔台管制单位及有关部门的管制协调和管制移交工作;

② 负责与空军等有关单位进行管制协调和飞行动态的通报工作;

③ 熟知、正确使用应急工作检查单,及时通报、处理,积极协助处理不正常情况和紧急情况;

④ 按规定协助执行告警和救援服务;

⑤ 正确执行交接班检查工作制度。

## 3.2.3　等级划分

按照管制单位日航班保障量的不同,进近管制单位可以划分为五级,如表 3 - 1 所列。根据国内实际运行情况,进近管制等级达到三级后,由于空域结构、路网构成、交通流量、活动分布、设备能力和人员素质等原因,程序管制一般会转雷达管制。而国外一些地区,如北大西洋上空,虽然监视设备受限,但是存在良好的平行航路网,在使用程序管制方式下每日保障航班可以超过 1 000 架次。

表 3 - 1　管制单位等级划分

| 等　　级 | 塔台管制单位 | 进近管制单位 | 区域管制单位 | 飞行报告室 |
|---|---|---|---|---|
| | 日平均起降架次 | 日平均保障架次 | | |
| 一级 | 450 以上 | 550 以上 | 650 以上 | 450 以上 |
| 二级 | 201～450 | 251～650 | 351～650 | 201～450 |
| 三级 | 81～200 | 151～250 | 201～350 | 81～200 |
| 四级 | 21～80 | 100～150 | 120～200 | 21～80 |
| 五级 | 20 以下 | — | — | 20 以下 |

注:本场训练、熟练飞行的每一起降按照 0.5 架次计算。

## 3.2.4　席位设置

根据《民用航空空中交通管理规则》(CCAR - 93TM - R6)相关规定,全年起降架次超过 36 000 架次或空域环境复杂的机场,应当考虑设置进近管制室。不能设置进近管制室的或在进近管制室设立之前,可以在机场管制塔台设立进近管制席位。年起降超过 60 000 架次的机场,应当分别设置进场管制席和离场管制席或者增设管制扇区。

进近管制单位应当设置主任席,应当根据实际情况设置飞行计划处理席、通报协调席和军方协调席。独立平行仪表进近时,进近管制单位应当设置非侵入区监控席。

管制单位应当根据飞行量的增长,制定管制席位设置计划,保证满足席位设置的要求。因特殊情况不能满足本章席位设置要求的,在管制单位制定席位调整的详细计划和保障安全的具体措施后,席位调整可延长一年。根据我国情况,进近管制单位可以包括进近管制席、进场管制席、离场管制席、通报协调席、主任席、飞行计划处理席、流量管理席和军方协调席等席位。

各席位的主要工作如下：

① 进近管制席：负责对进、离场的航空器及其空域范围内飞越航空器提供空中交通管制服务；

② 进场管制席：负责对进场着陆的航空器提供空中交通管制服务；

③ 离场管制席：负责对起飞离场加入航路、航线的航空器提供空中交管服务；

④ 通报协调席：负责协助管制席向有关单位通报飞行动态信息和计划，并进行必要的协调；

⑤ 主任席：负责进近管制单位现场运行工作的组织管理和监督，以及与其他单位的总体协调；

⑥ 飞行计划处理席：负责维护、处理飞行计划；

⑦ 流量管理席：依据流量管理的原则和程序，对于所辖地区的飞行流量进行管理；

⑧ 军方协调席：负责本管制单位与飞行管制部门之间的协调；

⑨ 非侵入区监控席：对于平行多跑道运行的情况，必须设置独立的监控席，对独立平行仪表进近时对非侵入区（Non-Transgression Zone，NTZ）进行监控，并在航空器侵入非侵入区时对相邻进近的被威胁的航空器进行干预。

民航局空管局以文件的形式（[1997]173号文件），要求在空中交通管制岗位实行"双岗制"，增加值班力量，在对空指挥时能有多名管制员同时监控室中动态，并相互监督、提醒，相互弥补，以达到减少因空管而造成不安全事件的目的。根据我国实际运行的情况，进近管制单位工作席位至少应当配置进近管制席、通报协调席和主任席。

## 3.2.5 人员设置

### 1. 管制员执勤管理

（1）管制员执勤

管制员执勤管理涉及3个时间概念，分别是：管制员执勤时间（工作时间）、管制岗位执勤时间（执勤时间）和管制员休息时间。

管制员执勤时间是指管制员为了完成管制单位安排的管制工作，从到达指定地点报到时刻开始，到完成工作时刻为止的连续时间段，应包括：岗前准备时间、岗位执勤时间、岗后分析时间、讲评时间、管制培训时间、出差时间、会议时间及其他时间。管制岗位执勤时间是指管制员为了完成管制单位安排的管制工作，从到达相应管制岗位开始，到完成岗位工作离开时刻为止的连续时间段，特指管制员实际持话筒指挥航空器的时间。管制员休息时间是指从管制员到达休息地点起，到为履行下一次管制工作离开休息地点为止的连续时间段，在该段时间内，管制单位不应为管制员安排任何工作。

管制员执勤时间与管制岗位执勤时间两者有严格区别，混淆两者将严重影响一线管制员的工作积极性与主动性。管制岗位执勤时间是管制员管制津贴发放的依据，而管制员执勤时间是除管制津贴外其他工资科目发放的依据。自2018年1月起，空管系统一线管制员执勤时间要全部采用指纹打卡方式进行统计，管制津贴将严格按照指纹打卡相关记录数据发放。

当管制员执勤期间出现因疲劳无法继续从事其工作的状况时，应当及时向所在管制单位报告。管制单位不得继续安排疲劳管制员执勤。除出现人力不可抗拒因素或者应急情况之

外,管制员执勤时间应当符合下列要求:

① 管制单位不得安排管制员连续执勤超过 10 h;

② 如果管制员在连续 24 h 内被安排执勤超过 10 h,管制单位应当在管制员执勤时间到达或者累计到达 10 h 之前为其提供至少连续 8 h 的休息时间;

③ 管制员在 1 个日历周内的岗位执勤时间不得超过 40 h;

④ 管制席的管制员连续岗位执勤时间不得超过 6 h;从事雷达管制的管制员,连续岗位执勤时间不得超过 2 h,两次岗位执勤时间之间的间隔不得少于 30 min;

⑤ 管制单位应当在任意连续 7 个日历日内为管制员安排 1 个至少连续 24 h 的休息期,或者在任一日历月中安排相当时间的休息期;

⑥ 管制单位应当在每个日历年内为管制员安排至少一次连续 5 日以上的休息时间。

由于人力不可抗拒因素或者应急情况,导致管制员的执勤时间或者岗位执勤时间超出了上述规定时,管制单位应在条件允许时,及时安排管制员休息,超出规定的执勤时间或者岗位执勤时间应计入下一执勤时间。

(2) 管制员执勤现状

根据局方管制员执勤管理规定,我国采用管制轮班模式进行排班。轮班模式包括轮班循环类型和轮班循环方向。轮班循环类型指一个轮班周期中上班与休息的天数形成的固定模式。具体排班模式因各个地区的空域情况及管制员的情况而异。当前空管系统各管制单位存在多种排班模式,包括“三班制”“四班制”“做一休二”“做二休二”等多种方式,按此测算的劳动效率各不相同。轮班循环方向包括顺时针循环和逆时针循环。顺时针循环指轮班时从白班到下午班,最后循环到夜班;逆时针循环则相反。

根据《关于加强空管系统管制员执勤时间管理的通知》(民航空发明电[2017]606 号),空管系统当前一线管制员实际值勤时间平均为每月 99 h,而个别单位的个别管制员实际执勤时间已严重超时,对空管保障造成一定安全隐患。

(3) 执勤管理优化

1) 切实解决人员不足问题

① 对于特别繁忙的管制单位,应加大对本单位持照管制员的管理力度,充分挖掘本单位人力资源的潜力。

② 保障工作具有鲜明季节特点的管制单位,可在繁忙期间向空管系统其他单位暂时借调优秀管制员进行支援。有借调需求的单位,应将借调人数、工作内容和资质需求等书面上报地区空管局,由地区空管局汇总后报民航局空管局,由民航局空管局负责协调。有关单位应尽快完善相关管理规定,确保管制人员的合理流动。对借调人员参照援疆、援藏补贴标准发放绩效奖金。

2) 重视运行管理

鼓励各单位空管中心、管制运行部持有效证照非一线人员参与现场管理,重点减轻一线带班主任的行政事务负担,使带班主任将精力主要放在运行安全与现场秩序维护上。

3) 加大招聘培训力度

人员短缺单位可以结合本单位业务发展需要,及时选拔优秀的管制专业毕业生进入空管系统,合理充实本单位管制员队伍。一是要增加招聘人数。人员短缺单位要加大招聘力度,为空管系统的未来发展做好人员储备。遇到问题尽快与民航局空管局有关部门沟通,原则上不要缩减管制员招聘指标。二是鼓励优秀的通导、气象人员在自愿的前提下参加"管制＋1"培训。三是要加快见习管制员放单速度。

4) 落实超时报告制度

按照现有执勤时间计算方法,平均执勤时间每月已超 125 h 的、单月 20％以上管制员执勤时间超过 125 h 的以及连续三个月 10％以上管制员执勤时间超过 125 h 的相关单位,必须第一时间将本单位管制员执勤超时情况逐级报告上一级单位。

5) 调整优化排班制度

无论采取何种排班模式,一旦出现个别管制员执勤时间超时的情况,管制单位就应对本单位的排班模式进行调整,结合人体作息规律、管制员个体特点和相关规章制度合理修订排班表。各单位要为管制员配备足够数量的夜班休息室,切实改善管制员的休息环境和就餐条件。

**2. 管制员排班**

空中交通管制工作需要进行倒班制工作,任何倒班都会因影响生物节律而导致疲劳的产生,而疲劳又是空管事故的重要诱因之一。班组的科学合理搭配既能有效提高管制部门的工作效率,又能提高管制员对工作的满意度,减小事故发生的可能性,提高航空安全域度。

(1) 管制排班的影响因素

高效率的班组成员必须搭配合理。结合管制员的工作流程,对管制员的工作内容进行分析,可以将排班影响因素分为知识结构、能力结构、个体特征结构和人员组成 4 个维度。

1) 知识结构

① 理论知识:管制员必须掌握符合管制员要求的理论知识;

② 英语水平:通过英语等级考试以及具有良好的英语听说能力;

③ 工作经验:针对管制员工作经验的丰富程度,来判断其是否能独立负责一个扇区或多个扇区的管制工作。

2) 能力结构

① 反应能力:对于某项管制工作,想出解决方法的反应时间;

② 记忆能力:由于管制工作的特殊性,需要管制员具有良好的记忆能力;

③ 评估决策能力:对工作理解评估以及决策的能力;

④ 沟通协调能力:管制员是否善于沟通与协作;

⑤ 压力控制能力:由于管制工作的特点,管制员长时间处于精神高度集中的紧张状态,因此需要管制员具备较强的抗压能力,故在成员搭配方面需要考虑个人的压力承受能力;

⑥ 注意力分配能力:管制员的注意力分配能力。

3) 个性特征结构

① 学历:管制员的学历高低;

② 年龄:管制员的实际年龄;

③ 性别:管制员的性别;

④ 身体素质:管制员身体素质的强弱;

⑤ 工作职务:包括见习管制员、管制员、管制教员和带班主任;

⑥ 人际关系:良好的人际关系能够使班组成员搭配时的工作更加高效和舒适;

⑦ 性格特点:管制员性格是外向型还是内向型;

⑧ 团队合作意识:管制员具有配合同班组成员的意识;

⑨ 规章纪律意识:不同管制员养成的规章纪律意识的程度不同,有的人喜欢冒险,有的人比较保守,因此在班组搭配时也需要考虑这方面的问题;

⑩ 情景意识:管制员对即将发生情况的预判能力,即精确地感知环境变化并做出合理预测的能力。

4) 人员组成

① 成熟管制员(管制教员、带班主任)的数量;

② 见习管制员的数量。

（2）自动排班

随着管制队伍日渐庞大以及航班量日益增加导致的压力和疲劳,仅仅依靠传统习惯进行的人工排班方法(随意性大、工作量大、人为因素影响大)已不再满足运行需求。通过研究新的管制值班方案,可以提高管制工作的公平性,降低疲劳,提高排班效率,保障安全运行。通过设置一定的优化目标,自动排班算法可以基于不同的优化目标对管制员值班排班自动分配。常见的优化目标有疲劳、睡眠、工作满意度、公平性、团队协作等。由于管制自动排班工作是一个复杂的过程,部分影响因素不容易量化,并且不同目标之间也可能存在着冲突关系,所以一般可以做简化处理。这里将阐述一种基于公平性的管制员自动排班算法。

1) 问题描述

空中交通管制排班工作的主要要求为:① 有 $i$ 个管制员,要分到 $j$ 个扇区中,每个管制员在同一时间段内只能参与一个扇区的工作;② 参与排班的管制员数量要大于保证完成工作的最小管制员数量。

问题建模:

① $i$ 代表管制员,$i=1,\cdots,n$;

② $j$ 代表管制员的工作扇区,$j=1,\cdots,m$;

③ $e$ 代表管制员的级别,$e=1,\cdots,a$;

④ $t_i$ 代表第 $i$ 个管制员执勤中参与夜班的时间;

⑤ 引入 $P_{ig}$,对管制员的扇区工作资质进行判断;

⑥ 引入二元决策变量 $x_{ij}$,$x_{ij}=1$ 表示第 $i$ 个管制员分配到第 $j$ 个扇区中,$x_{ij}=0$ 表示第 $i$ 个管制员没有被分配到第 $j$ 个扇区中。

2) 模型的建立

为保证管制员工作的公平性,要求管制员的值班天数和工作负荷大致相同,相同级别人员的值班天数和工作强度大致相同。算法实现目标是排班公平的最大化,以各班次值班天数,以及各级别管制员、不同扇区管制员的工作时间作为判断其公平性的依据,故优化目标为管制实际工作时间 $T$ 和平均工作时间之差的平方和最小,如式(3.1)所示。

$$\min \sum_{i=1}^{n} (T_i - \bar{T})^2 \tag{3.1}$$

$$\sum_{i=1}^{n} e_{ij} \cdot N_{ij} \cdot c_{ij} \cdot m_{iz} \cdot x_{ij} \geqslant b_j \tag{3.2}$$

$$t_{\min} \leqslant \sum_{d=1}^{m} t_i \leqslant t_{\max} \tag{3.3}$$

$$x_{ij} + x_{ih} \leqslant 1, \quad \forall i \in 1, \cdots, n; j \in 1, \cdots, m; h \in 1, \cdots, m \tag{3.4}$$

式中：$T_i$ 表示管制员的实际工作时间；$\bar{T}$ 表示管制员的平均工作时间，$\bar{T} = \sum_{i=1}^{n} T_i$。

目前，对管制员排班影响最大的因素是资深管制员的数量和管制水平，因此在建立管制员排班模型时，需要将这些主要影响因素作为管制员排班的限制条件，只有符合限制条件要求的管制员才能参与排班。

式(3.2)主要保证每个班次所需的各级别的管制员人数符合规定的完成该工作所需最少人数的要求，其中，$b_j$ 为规定的完成 $j$ 扇区工作所需最小管制员数量，$e_{ij}$ 用于判断管制员 $i$ 的级别，$c_{ij}$ 用于判断管制员 $i$ 的扇区管制资格，$m_{iz}$ 表示第 $i$ 个管制员属于第 $z$ 个班组。只有各种属性都符合要求的管制员才能参与排班，要通过筛选条件筛选符合条件的管制员，筛选公式如下：

$$e_{ij} = \begin{cases} 1, & q_i \geqslant a \\ 0, & \text{其他} \end{cases}$$

$$c_{ij} = \begin{cases} 1, & p_i \geqslant g \\ 0, & \text{其他} \end{cases}$$

$$N_{ij} = \begin{cases} 1, & \text{管制员可以参与排班} \\ 0, & \text{管制员处于请假或公休状态} \end{cases}$$

在筛选函数中，$e_{ij} = 1$ 用来保证管制员的管制级别符合该岗位的最低需求；$c_{ij} = 1$ 表示管制员 $i$ 有从事 $j$ 扇区席位工作的资格；$m_{iz} = 1$ 表示管制员属于班组 $A$，可以参与排班；$N_{ij} = 1$ 用来保证管制员在当天不处于请假或休假状态，可以参与排班；通过筛选得到能够参与 $j$ 扇区排班的管制员，这些管制员的数量应大于 $j$ 扇区要求的最小管制员数量 $b_j$。

式(3.3)主要保证每名管制员的工作时间在规定的最高工作时间之内，符合局方执勤时间规定。式(3.4)是为了防止扇区工作之间的冲突，对于任意两个扇区 $j$ 和 $h$，在同一段时间内，只能在一个扇区从事工作。

因为空中交通管制工作并不是在同一个席位完成的，不同的扇区由于扇区复杂度以及流量原因造成扇区的工作难度存在较大差别，如果将同一个管制员安排在固定的扇区以及固定的时间段对于处在难度较大扇区以及难度较大时段的管制员是不公平的。同时，倒班制度是管制工作的一大特点，由于人的正常作息习惯，白班和夜班对于管制员工作负荷的影响是不同的，夜班会打乱人的正常作息习惯，对管制员的昼夜节律以及工作的质量存在重大影响。为保证管制工作的公平性，将管制员在不同扇区的工作时间和管制员夜班的工作时间也作为衡量管制员工作公平性的影响因素，因此，可以将管制员公平性的目标函数扩展为

$$\min \sum_{i=1}^{n} \alpha (T_i - \bar{T})^2 + \beta (t_i - \bar{t})^2 + \gamma \sum_{j=1}^{m} (t_{ij} - \bar{t}_j)^2 \tag{3.5}$$

$$\bar{t}_j = \sum_{i=1}^{n} \sum_{j=1}^{m} x_{ij} t_{ij} \tag{3.6}$$

式中：$t_{ij}$ 表示第 $i$ 个管制员在第 $j$ 个管制扇区的工作时间；$\alpha$、$\beta$、$\gamma$ 分别代表管制员总工作时间的公平性系数、夜班时间的公平性系数和不同扇区工作次数的公平性系数，满足：$\alpha + \beta + \gamma =$

$1, \alpha, \beta, \gamma \in (0,1)$。

3）算法设计

根据排班算法目标函数的要求,目标是实现管制员在工作中工作总时间、夜班工作时间以及各扇区工作时间三者间的差距尽可能小。

首先,保证管制员工作总时间的公平性。将选中的管制员随机放入排班模板的各个席位中,该选中的管制员在所有管制员都参与一次排班前不能再排班。将剩下的管制员继续进行随机席位分配,本次轮休的管制员下次排班时优先参与排班,保证管制员工作时间的分配公平性。

其次,保证管制员夜班工作时间的公平性。由于管制工作的特殊性,夜晚的航空器数量会大大减少,因此要对扇区进行合并,这样上夜班的人数会大大减少。夜间合并运行时,值班管制员在所有管制员都参与一次合并排班前不能再参与夜间排班,从而保证了夜班工作时间的公平性。

再次,要保证管制员扇区工作时间的公平性。不同扇区的工作难度以及工作量存在较大差距,可以通过保证各扇区的工作时间均衡性来保证排班公平性。当管制员参加排班后,在所有管制员都参与一次该时间段排班前不能再参与该排班,通过这种形式来保证扇区工作时间的公平。

排班算法流程如图 3-1 所示。

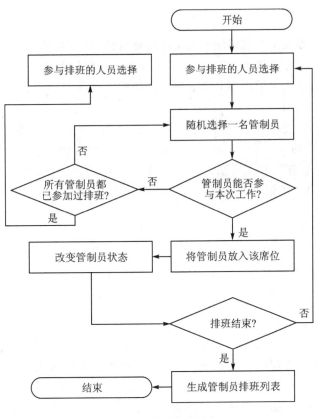

图 3-1　排班算法流程

### 3.2.6　管理手册

进近管制单位的管理手册一般包括：空中交通服务运行手册、管制协议、空中交通服务应急预案、管制培训手册、科室工作手册、管制运行记录和安全管理手册等。其中，空中交通服务运行手册、管制协议和空中交通服务应急预案是进近管制单位的核心内容。

（1）空中交通服务运行手册

空中交通服务运行手册是本单位空中交通管制人员提供空中交通服务的规范，以下简称"运行手册"。进近管制单位的上级管理机构应当建立制定、分发、修订和补充运行手册的制度，并保持运行手册的准确有效。进近运行手册由进近管制单位制定，经其上级管理机构审查后发布。运行手册应当说明本单位提供的空中交通服务的范围和内容。

进近运行手册的内容应当符合法律、规章要求，主要包括：

① 单位职能及岗位职责；

② 运行标准及工作规范；

③ 运行管理及工作程序；

④ 安全管理及信息管理；

⑤ 资源管理及设备使用；

⑥ 与管制运行有关的工作协议。

（2）管制协议

进近管制单位与涉及空中交通服务的机场管理机构、航空器运营人及其所属单位之间应建立相关制度或者签订相关协议，与有移交或者通报关系的管制单位或者飞行管制部门应签订管制协议。管制协议应当明确划分管制单位之间的管制职责，管制单位应当定期检查管制协议的适用性，并及时修订。

进近管制协议的主要内容应当包括：

① 签订协议的目的；

② 管制的责任、程序及移交方法；

③ 空域、航路、高度的限制及间隔；

④ 管制协调的程序；

⑤ 通报程序；

⑥ 通信方式；

⑦ 相关的定义和图表；

⑧ 协议的生效及有效期。

（3）空中交通服务应急预案

进近管制单位应当按照国家有关规定，建立、健全本单位的空中交通服务应急预案（应急预案），明确应急处置工作程序。进近应急预案应当明确出现设备失效或者人员丧失能力时，为保证空中交通安全，空中交通管制人员应当遵循的基本工作程序和工作要求。

进近应急预案应当包括组织体系与职责分工、空域应急接管的方案、保证安全的具体措施、管制员的操作程序、恢复空中交通服务的程序、与相关单位的协调配合机制等。

进近管制员应当依据空中交通服务应急预案的操作程序进行处置。进近管制单位在完成突发事件处置,并且恢复正常空中交通服务后,应当及时分析评估本单位应急处置工作,总结经验教训,修订完善空中交通服务应急预案,并组织应急预案培训和演练工作。

# 3.3　飞行程序

飞行程序是在分析终端区净空条件和空域布局的基础上,根据航空器的飞行性能,设定的飞行各阶段的路径及限制条件。设计飞行程序时应考虑的因素包括空域结构、导航设施布局、飞行规则、航空器性能、飞行区域地形特点和噪声等。飞行各阶段包括离场、进场、进近、复飞和等待等,限制条件包括速度、最低飞行高度、上升和下降梯度等。

飞行程序设计与安全紧密相关,程序管制方式下航空器应按照设计的飞行程序运行。科学的飞行程序能有效减少飞行冲突,减轻管制员工作负荷,同时也能缩短航空器在空中的飞行距离和时间,降低燃油消耗;合理的减噪程序能为机场附近的居民区减少噪声污染;符合航空器性能的飞行程序,在保证飞行安全的同时也可以提高飞行的舒适性。

## 3.3.1　基本概念

### 1. 飞行程序的分类

根据应用环境和使用要求,飞行程序有多种分类方法,其中主要的分类方法主要有以下6 种:

① 根据航空器运行阶段,可以分为进场程序、离场程序和进近程序。

② 根据仪表进近程序最后航段所使用的导航设备及其精度,可以分为精密进近、非精密进近和类精密进近。

③ 根据使用的飞行规则,可以分为目视飞行程序和仪表飞行程序。其中,按目视飞行规则设计的飞行程序称为目视飞行程序,按仪表飞行规则设计的飞行程序称为仪表飞行程序。

④ 根据采用的导航和定位方式,可以分为传统飞行程序和基于性能导航(Performance Based Navigation, PBN)飞行程序。使用传统导航、定位方式的飞行程序称为传统飞行程序;使用区域导航方法进行导航、定位的飞行程序称为基于性能导航飞行程序。

⑤ 根据发动机工作状态,可以分为正常情况下的飞行程序和一发失效应急飞行程序。按照 ICAO 和我国民航的相关规定,民航局只发布航空器发动机全部正常工作情况下的飞行程序;对于部分发动机失效的情况,则由营运人根据航空器性能和具体的飞行环境设计应急飞行程序。

⑥ 根据航空器类型,可以分为固定翼航空器飞行程序和直升机飞行程序。

本章关于飞行程序的阐述,主要依据航空器运行阶段的分类方法。航空器运行阶段包括起飞离场、航路飞行、进场下降和进近着陆等飞行阶段。通常,飞行程序设计的内容包括离场程序(起飞离场阶段)、进场程序(进场下降阶段)和进近程序(进近着陆阶段)三个部分。

① 离场程序:从航空器跑道起飞末端(Departure End of Runway, DER)直至加入航路飞行,主要完成起飞后至加入航路前的高度爬升和航向调整。

② 进场程序:航空器从航线飞行(巡航阶段)的结束点开始,至起始进近定位点结束。航空器在进场阶段要理顺航路与进近之间的关系,实现从航路到进近的过渡,保证机场终端区内空中交通的流畅。在空中交通流量较大的机场,由于该航段较为复杂,应单独编制和公布标准

仪表进场程序。

③ 进近程序:航空器根据一定的飞行规则,与障碍物保持规定的安全裕度所进行的系列预定的机动飞行。始于起始进近定位点或规定的进场航线,直至航空器安全着陆,如果航空器不能完成着陆,则进行复飞,以确保飞行安全。在飞行程序设计中,进近程序一般由进场、起始进近、中间进近、最后进近和复飞五个航段,以及相应的等待程序组成。

**2. 进近程序阶段**

对于每一条仪表跑道,依据导航设施的使用情况,公布一个及以上仪表进近程序,每个程序通常都由进场、起始进近、中间进近、最后进近和复飞五个航段组成,如图 3 - 2 所示。

① 进场航段(arrival segment):从航线飞行的结束点开始,至起始进近定位点(IAF)结束。进场航段主要用于理顺航路与进近之间的关系,实现从航路到进近的过渡,以维护机场终端区的空中交通秩序,保证空中交通流畅,以提高运行效率。

② 起始进近航段(initial approach segment):从起始进近定位点(IAF)开始,到中间进近定位点(IF)或者完成反向航线程序、直线航线程序后,切入到中间航段的一点为止的航段。起始进近航段主要用于航空器降低高度,并通过一定的机动飞行,使航空器对正中间或最后进近航段。

③ 中间进近航段(intermediate approach segment):从中间进近定位点(IF)到最后进近定位点/最后进近点(FAF/FAP)之间的航段,它是以中间进近阶段为起始进近到最后进近的过渡段,主要用于调整航空器外形,降低飞行速度,调整航空器位置,为最后进近做准备。

④ 最后进近航段(final approach segment):完成航迹对正和下降着陆的航段,主要作用为完成对准着陆航迹和下降着陆,是整个仪表进近程序的最关键阶段。其包括仪表飞行和目视着陆两部分,其中,仪表飞行部分是从 FAF/FAP 开始至复飞点(MAPt)或者下降到决断高度一点为止;目视着陆部分是从航空器驾驶员由仪表转入目视进近开始直到进入跑道着陆为止。

⑤ 复飞航段(miss approach segment):从复飞点(MAPt)或者决断高度中断进近开始,到航空器爬升到可以作另一次进近或回到指定等待航线、重新开始航线飞行的高度为止。在进近过程中,当判明不能确保航空器安全着陆时,复飞是保证安全的唯一手段。

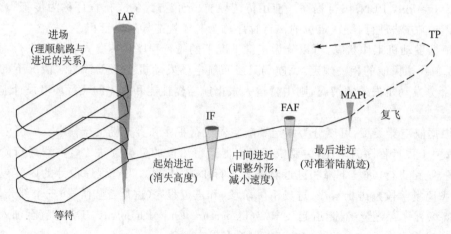

图 3 - 2 进近阶段

**3. 进近程序形式**

根据各机场导航设施布局和起始进近所采用的航线,仪表进近程序可分为五种基本形式:

直线进近、沿 DME 弧进近、反向程序进近、直角航线程序和推测航迹程序。不同进近模式直接影响机场容量和运行效率,对机场最低运行标准和空中交通秩序起着重要作用。

(1) 直线进近

直线进近是在机场空域内导航设备布局较为合理,航空器进入机场时的方向较为理想时采用的一种进近模式。直线进近具有良好的经济性和安全性,飞行操作简便,有利于分离进近和离场的航空器,在机场具备必要的导航设施和不受地形限制的情况下使用。图 3 - 3 所示为直线进近模式。

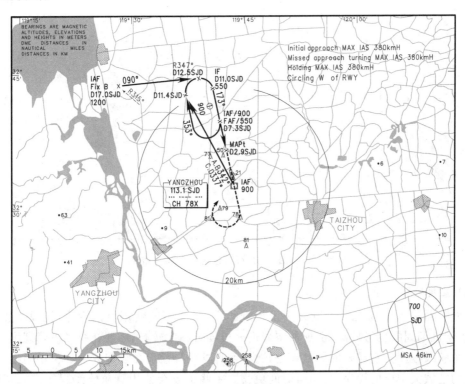

图 3 - 3　直线进近

(2) 沿 DME 弧进近

当机场内或跑道中线延长线上安装有 DME 设备,而又无法满足直线进近时,可以设计沿 DME 等距离弧进近(简称沿 DME 弧进近)。这种模式有利于分离进、离场航线,使机场的交通更为有序。但是,由于航空器沿 DME 弧飞行的过程中必须不断地改变航向,所以对于没有自动驾驶仪的航空器,驾驶员须手动操作,会增加一定的工作负荷。

(3) 反向程序进近

当航空器进入机场时的方向与进近方向相反时需要使用反向程序,此外,在无法满足直线进近和沿 DME 弧进近设计准则要求的情况下,也可以考虑采用反向程序进近。它需要的导航设备较少,而且这些导航设备可以安装在机场附近,这样可以节省资金,便于管理和维护。但是,它需要占用跑道延长线方向一个较大的空域,而且飞行时间较长。反向程序又分三种类型:基线转弯、45°/180°程序转弯和 80°/260°程序转弯。

图 3-4 所示为沿 DME 弧进近与反向程序进近模式。

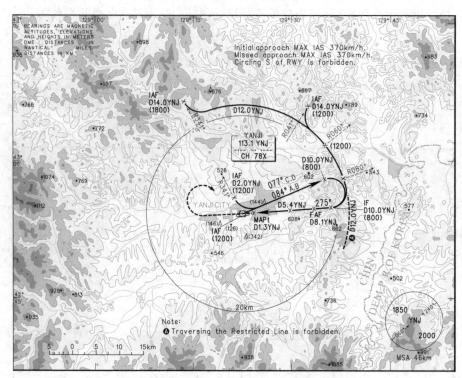

**图 3-4　沿 DME 弧进近与反向程序进近**

（4）直角航线程序

当航空器进入机场的方向既无法设计直线进近，又不能使用反向程序，还没有 DME 设备，或由于机场周围地形较高，造成航空器进入机场时高度较高，需要在机场下降高度时，可以使用直角航线程序。它需要的导航设备较少，而且这些导航设备可以安装在机场附近。但是，它需要的空域大于反向程序，且飞行时间更长。一些机场会使用直角航线程序作为其他类型进近程序的备份。

图 3-5 所示为直角航线程序模式。

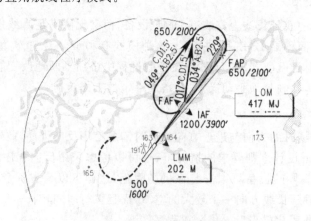

**图 3-5　直角航线程序**

（5）推测航迹程序

因起始进近航段中有一段无导航台提供航迹引导，所以在起始进近切入中间进近航段之前采用一段推测航迹的进近程序。这种程序可以缩减航空器在机场上空飞行的时间和空域，实施简便，特别有利于空中交通管制员通过雷达引导对航空器实施合理的调配，增加空中交通流量，但该模式对导航台的数量和布局有一定要求。在交通繁忙的机场，可以采用推测航迹程序，我国许多新建机场的飞行程序都采用了这种模式。图 3-6 所示为推测航迹程序模式。

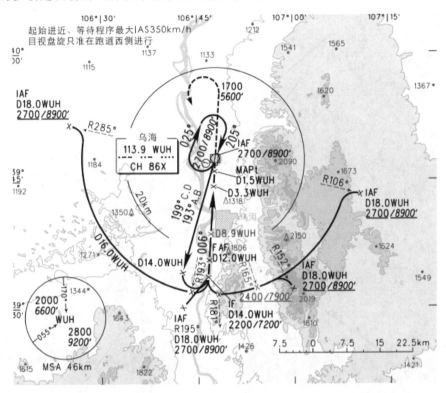

图 3-6　推测航迹程序

## 3.3.2　仪表进离场程序

对于进场/离场飞行阶段，飞行过程比较复杂，高度变化快，调配难度大，是飞行冲突的易发阶段。进离场程序是为了降低复杂的许可、减少交通拥挤、控制机场周围的交通流量而设置的，它有助于降低燃油消耗，有一定的降噪功能。由于机场位置、超障以及空军空域限制等因素的影响，机场往往设计多条仪表进离场程序（Standard Instrument Departure，SID）。进离场过程中，管制员应密切监视飞行动态，准确实施调配。

### 1. 离场程序

航空器离场是航空器起飞至加入航路（线）点之间的飞行过程，一般起始于塔台管制员将航空器移交给进近管制员，而终止于进近管制员将航空器移交给区域管制员。在起飞前的准备阶段，塔台管制员应及时向进近管制单位（区域管制单位）通知跑道开放情况并索要离场程序。有关单位如有必要对该次飞行进行限制，应提前通过塔台转发。离场程序用标准仪表离场图表示,程序管制方式下,航空器通常应当按照规定的标准仪表离场程序执行。图 3 – 7 所示为标准离场程序图示例。

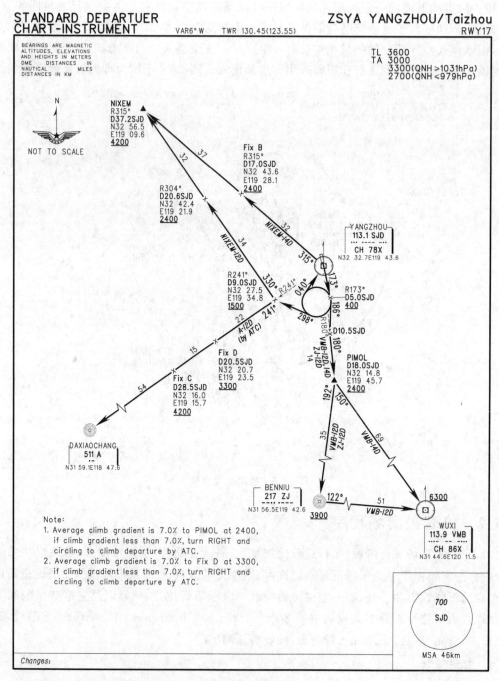

图 3 – 7　标准离场程序图示例

## 2. 进场程序

航空器进场是航空器从航路脱离到初始进近点的过程。在程序管制方式下,航空器进场应该按照标准终端进场航线(Standard Terminal Arrival Route,STAR)进行。标准终端进场航线是向仪表飞行规则飞行的航空器提供的、由航路至实施进近的点或定位点过渡的预先规划好的进场航线,一般起始于一个或一个以上的航路定位点,终止于一种仪表进近程序或目视进近程序(雷达管制时可以由雷达引导到最后进近航道)。图 3-8 所示为进场程序图示例。

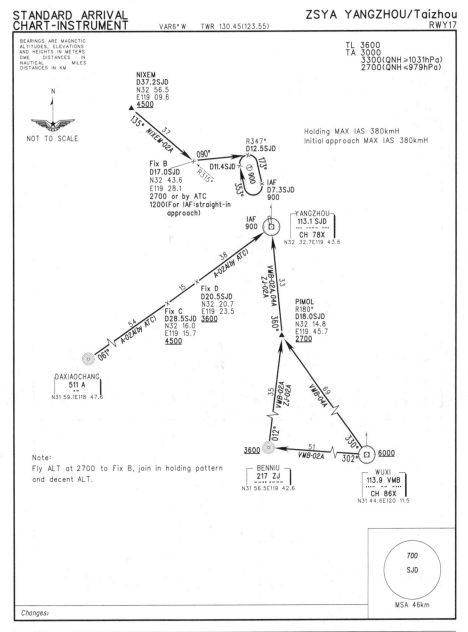

**图 3-8　进场程序图示例**

### 3.3.3　进近程序

　　仪表进近程序是航空器根据飞行仪表提供的方位、距离和下滑信息,对障碍物保持规定的超障余度所进行的一系列预定的机动飞行程序。这种飞行程序是从规定的进场航路或起始进近定位点开始,到能够完成目视着陆的一点为止,并且包括复飞程序。仪表进近程序主要分为四种:直线进近、直角进近、反向进近和推测进近。由于一些进近程序不允许直接进近着陆,所以需要做一个程序转弯或其他反向程序。如图 3-9 所示,以 Fix E、PIMOL 作为初始进近定位点的进近程序为直线进近程序,以 YANGZHOU 本场台 SJD 为初始进近定位点的进近程序为反向程序。

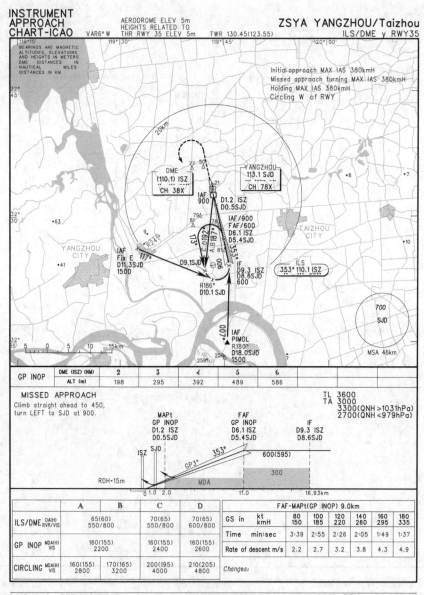

**图 3-9　进近程序图示例**

## 3.3.4 等待程序

等待程序是指等待飞行许可的航空器,保持在一个特定空域内的一种预定的机动飞行程序。等待定位点是指用作等待程序基准点的一个地理位置。作为实时飞行流量管理的措施之一,空中交通管制单位应合理划设等待空域,有效应用空中等待程序。等待空域通常划设在导航台上空。对于飞行活动频繁的机场,可以在机场附近上空划设。考虑到实际管制运行的特点和需求,为了解决或者缓解航空器在空中飞行过程中已经或者将要出现的矛盾冲突,空中交通管制单位应结合具体的空域结构、气象条件、地形特点、航空器性能和管制运行需求,充分考虑通信、导航和监视等设备的保障能力,按照飞行程序设计规范等要求划设等待空域并制定相应的空中等待程序。

按照仪表飞行规则飞行的航空器应当在等待空域内飞行等待,目视飞行的航空器应当在通常使用的目视位置报告点或目视确认的地点上空盘旋等待。

### 1. 一般要求

等待和进入等待航线必须遵守空中交通服务当局的规定并按照《航行资料汇编》公布的程序执行,如果等待航线的进入和等待程序尚未公布或某一航空器的机长不知道该程序,则有关的空中交通服务单位必须说明应遵循的程序。航空器必须在指定的位置点等待,而且必须按照该点等待的规定为等待航空器提供与其他航空器之间的安全间隔。

当航空器使用扇形指点标(fan marker)或在没有监视的设施上空进行等待时,进近管制单位等应拟订如果该航空器收听不到该设施的信号时可飞行的航线,包括与其他航空器之间的管制间隔配备。

等待程序一般为在航图上公布的标准程序,也有管制员临时根据需要指定的等待程序。等待程序可以划分为三个扇区,根据当时所飞航向与等待航线的相对位置关系有三种进入等待程序的方法:① 第一扇区平行进入;② 第二扇区偏置进入;③ 第三扇区直接进入。

### 2. 等待程序的构成

等待程序与直角航线程序相同,规定右等待为标准等待,左等待为非标准等待,等待定位点为 NDB/VOR 定位点、VOR/DME 定位点或 VOR 交叉定位点。等待程序的主要结构如图 3-10 所示。

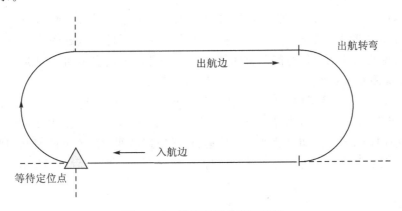

**图 3-10 等待程序的主要结构**

（1）等待定位点

等待定位点是等待航线开始和结束的点，可以是 NDB/VOR 定位点、VOR/DME 定位点或 VOR 交叉定位点。

（2）等待方向

等待程序与直角航线程序相同，规定右等待为标准等待，左等待为非标准等待。所有转弯使用的坡度均为 25°或标准转弯率 3 (°)/s 对应的坡度，以所需坡度小者为准。

（3）出航边长度

一般情况下，出航边的长度由飞行时间控制，在平均海平面 14 000 ft(4 250 m)和以下的高度内，标准等待程序的标准出航时间为 1 min；高于 14 000 ft，出航时间为 1.5 min。出航计时是从正切等待点开始，如不能确定正切位置，则在完成转弯至出航航向即开始计时。非标准等待程序的出航时间不固定，但都会在航图上明确标注。此外，如果有 DME 可用，则出航航段的长度可用 DME 距离代替时间，部分等待程序会通过 DME 距离来限制出航边长度。

（4）最低等待高度

最低等待高度是一个强制性的最低飞行高度，如果等待程序规定了最低等待高度层，那么最低等待高度与等待程序的最低等待高度则应同时标注在公布图上。

（5）等待速度

为了限制等待空域范围及保证航空之间运行的安全，在一些航路上会标出运行的速度限制。当航空器需要减速时，应在距离等待定位点之前 3 min 内开始减速。在起始穿越等待定位点时，空速不应大于最大指示空速。在等待程序中，高度在 6 000 ft 以下，等待的最大的指示空速为 200 节；高度在 6 001~14 000 ft 时，最大的指示空速为 230 节；高度大于 14 000 ft 时，最大的指示空速为 265 节。

（6）等待程序的高度

等待空域通常划设在导航设备上空或机场上空，进近范围内高度从 600 m 开始，每隔 300 m 分为一个高度层，最低等待高度层距离地面最高障碍物的实际高度不得低于 600 m。在仪表进近程序中的等待程序，与障碍物的高度差不得小于 300 m。

（7）等待程序的时间

按照国际民航组织 8168 文件规定，标准等待程序在海拔高度 14 000 ft 或以上入航时间为 1 min，高于此高度为 1.5 min。但等待程序的出航时间不是完全不变的，公布程序图上会标注出特殊情况相对应的等待时间。有些等待程序则是根据规定距离来完成等待，出航边长度用 DME 距离限制来表示。

如图 3-11 所示，等待程序分别划设在了导航设备上空和机场上空。以左侧等待程序为例，程序以本场 VOR/DME 台为等待点，该程序为左等，最低等待高度为 2 700 m，入航航迹 173°，默认出航时间 1 min。如果遇到大流量运行，航空器之间间隔不够的情况，则可以安排后续进场航空器在该等待程序进行等待，待航空器连续进近间隔满足后可以安排航空器结束等待继续进近。

**3. 等待程序的进入**

标准的等待航线均以等待定位点为圆心，入航边为基准，向等待航线一侧量取 110°并通

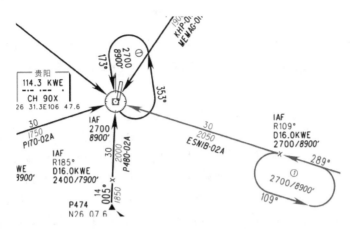

图 3 - 11　等待程序图示例

过等待定位点画出一条直线。该直线与入航航迹方向线将圆分为三个扇区：第一个扇区 110°，在该扇区的航空器应采用平行加入；第二个扇区 70°，采用偏置加入；第三个扇区 180°，采用直接加入，如图 3 - 12 所示。

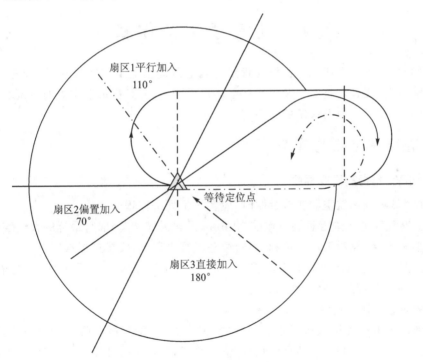

图 3 - 12　等待程序进入扇区的划分和进入方法

（1）平行加入

第一次飞过等待定位点后，与入航航迹平行背台飞行。过台上空后开始计时（通常 1 min），然后左转穿过等待一侧保持 30°或 45°的切入角，从等待一侧切入入航边，然后通过定位点后正常转弯加入等待航线。

（2）偏置加入

偏置加入的方法是第一次飞过等待定位点后，与入航航迹成约 30°夹角背台飞行，同时开始计时，计时结束后，右转切入入航航迹，第二次过台后，开始沿等待航线飞行。

（3）直接加入

直接加入扇区的航空器，直接向定位点归航，通过定位点后以标准转弯率转到出航边。航空器过台后，航空器立即转弯加入等待程序，将会使等待航线宽度变窄，如果再以标准转弯率转入入航边则可能会导致航空器偏到等待程序外侧，不能准确地切入入航航迹，偏离了等待程序的保护区，将会有潜在的安全隐患。实际飞行过程中，为了减小这种偏差，当进入航向与向台航迹交角在 30°以内时，采取先切入向台航迹，引导航空器飞向导航台，过台后再加入等待程序。如果进入方向与向台航迹接近垂直，则当航空器从程序一侧进入时，过台后立即转弯，向右以标准转弯率右转 180°，再以 1/2 标准转弯率继续转弯转至出航航迹；当从非程序一侧进入时，过台前先切入垂直向台航迹的方位线向台飞行，过台时开始计时 20 s，再以标准转弯率右转，当航空器转过 30°时，开始计时，切入出航航迹，直到计时 1 min（4 250 m 以下）或 1.5 min（4 250 m 以上）结束，再右转至入航航迹。

# 3.4 进近管制工作程序

进近管制单位为一个或几个机场受管制的航空器提供空中交通管制服务，需要对进场航空器、离场航空器、飞越航空器以及等待航空器提供服务，并且完成航空器的协调和移交工作。整个进近管制工作应当遵循一定的程序。

## 3.4.1 进场航空器的管制

### 1. 进场航空器管制工作程序

进近管制员对进场航空器实施管制时，应实施下列工作程序：

① 航空器预计进入进近管制空域前 30 min，了解天气情况，取得最近的天气实况，检查通信、导航和监视设备，校对飞行预报和计划，填写飞行进程单，安排进场次序；

② 航空器预计进入进近管制空域前 20 min 开始守听，按时开放导航设备，与塔台管制单位协调，取得航空器着陆程序和使用跑道；

③ 与区域管制协调进港动态；

④ 收到进场航空器进入进近管制空域（空中走廊）的位置报告后，指示其按照程序飞行，通知空中有关飞行活动和飞行情报，检查航空器位置，调配飞行冲突，安排落地次序，提供落地间隔；

⑤ 通知进场航空器转换频率并与塔台管制单位联络，按照规定进行管制移交；

⑥ 发布进近许可；

⑦ 对于等待航空器，当塔台管制员通知其最低等待高度层空出后，安排进场等待的该层以上的航空器逐层下降，航空器脱离第二等待高度层或者双方协议明确的高度层时，通知航空器驾驶员转换至塔台管制单位频率联络；

⑧ 接到航空器驾驶员报告已与塔台管制单位建立联络，并且飞离进近管制空域时，准许

航空器脱离联络。

**2. 进场情报**

进近管制单位或机场管制塔台与进场航空器建立最初的无线电通信联系后,必要时,应对航空器的位置进行核实,并应迅速通知该航空器下列情报:

① 进场程序。通常机场有多个进场程序,应根据机场情况选择合适的进场程序。更换进场程序也是实现航空器安全间隔的一种常用方法。

② 进近方式。通常机场规定有多种仪表进近程序,ILS、VOR 和 RNP 是最常见的三种进近方式。进近管制单位应通知航空器预计准许的仪表进近程序;预计有延误时,应发给航空器进近等待的指示。

③ 使用跑道。

④ 风向、风速值。

⑤ 气象报告的云高低于目视进近最低下降高度,或者气象报告的能见度低于目视进近最低气象条件的,其云高或者能见度值(在可能范围内,应将气象变化通知进场航空器,ATIS 已包含相关气象变化且航空器证实已收到最新 ATIS,可以省略)。

⑥ 高度表拨正值。

如果进场航空器报告已经从 ATIS 中收到上述有关情报,则相应情报可以省略,但是管制单位仍然需要向航空器提供高度表拨正值。

塔台管制单位或者进近管制单位应当随时注意机场空域内的天气变化并及时通知进场航空器。当机场的气象条件低于着陆最低气象条件时,应当根据该航空器的要求允许其等待或者向其发出飞往备降机场的管制许可,并调整进近的顺序。对于航空器油量不足、严重机械故障或者因天气不能飞往其他机场,以及航空器驾驶员要求在低于着陆最低气象条件的机场着陆的情况,管制员应当采取必要措施予以协助,并通知有关保障部门做好应急准备。航空器驾驶员应当对其决定的后果负责。

示例:

CTL: CCA1012, met report Dongfang, wind 320 degrees 2 meters per second, gusting 6 meters per second, visibility 3000 meters, cloud broken ceiling 1200 meters, temperature 20, QNH 1008, expect VYK - 1A arrival, ILS approach runway 36.

CTL:国航幺洞幺两,东方机场气象报告,风向三两洞,风速两米每秒,阵风六米每秒,能见度三千米,多云,云底高一千二百米,温度两洞,修正海压幺洞洞八,预计 VYK - 1A 进场,ILS 进近,跑道三六。

如果机场气象信息已包括在 ATIS 情报中而航空器也报告收到了最新 ATIS 情报,则可以根据需要省略详细机场气象报告信息。上述管制指令可以简化为

CTL: CCA1012, expect VYK - 1A arrival, ILS approach runway 36, QNH 1008, Information A is valid.

CTL:国航幺洞幺两,预计 VYK - 1A 进场,ILS 进近,跑道三六,修正海压幺洞洞八,通播 A 有效。

考虑程序管制时,管制依靠航空器位置报告并且报告过移交点后才可以指挥,可以把位置报告要求整合到进场情报中,上述管制指令可以调整为

CTL: CCA1012, expect VYK - 1A arrival, ILS approach runway 36, Information A,

QNH 1008，report passing VYK.

　　CTL：国航幺洞幺两，预计 VYK－1A 进场，ILS 进近，跑道三六，通播 A 有效，修正海压幺洞洞八，过大王庄报告。

### 3. 高度调整

　　进场航空器进入进近管制区后，进近管制员应及时发出一个下降指令，考虑到机场航空器高度下降或者冲突调配的需要，下降指令可能包括通过某高度的限制或通过某导航台时间的限制。由于间隔保持或航空器高度层配备的需要，进近管制员可能会重新指定高度。正常情况下，上升/下降高度一般不会出现反复情况。

　　① 进场航空器在进入进近管制区一定时间内应该安排航空器下降高度，具体以运行手册/协议为准。

　　② 指挥航空器下降高度时，如果涉及到气压基准面从标准气压转换到修正海压，首次发布管制指令时应加入修正海压值。

　　示例：

　　CTL：CSN3358，Beijing Approach，decend and maintain 1200m on QNH 1001.

　　CTL：南方三三五八，北京进近，下降到修正海压幺两保持，修正海压幺洞洞幺。

　　③ 一般情况下，整个进近范围内进场航空器接收管制指令的目标高度不应高于航空器当前高度，即进场航空器在进近范围内应处于下降或者平飞的状态，无特殊情况进场航空器应避免上升高度。

　　④ 进场航空器进近顺序确定后，一般应按照前低后高原则分配进场航空器高度。

　　⑤ 发布下降高度指令时，应注意与其他航空器保持规定的间隔。进场航空器同时下降时，如果水平间隔不满足则需要使用梯次下降等方式确保垂直间隔，如果间隔调配需要则可以在下降指令中加入条件限制。

　　对于东方机场，跑道 36，CSN1012 在 10 分保持 4 200 m 从 YV 进入进近管制区，CXA1124 在 13 分保持高度 4 500 m 从 VYK 进入进近管制区。按照先来先服务原则安排进近顺序，应安排 CXA1124 先落地，此时可能涉及两架航空器的穿越问题。

　　示例 1：假定 CSN1012 已经发布下降 QNH 1 200 m。

　　CTL：CSN1012，descend and maintain 1200m on QNH 997.

　　CTL：南方幺洞幺两，下降到修正海压幺两保持，修正海压九九拐。

　　PIL：Descend and maintain 1200m on QNH 997，CSN1012.

　　PIL：下降到修正海压幺两保持，修正海压九九拐，南方幺洞幺两。

　　CTL：CSN1012，report estimating time over VNE.

　　CTL：南方幺洞幺两，报告预计南头时间。

　　PIL：CSN1012，estimating VNE at 16.

　　PIL：南方幺洞幺两，预计南头时间幺六。

　　CTL：Descend 600m on QNH 997，reach 900m at 16 or earlier.

　　CTL：下降到修正海压六百保持，修正海压九九拐，幺六分前到达修正海压九百。

　　PIL：Descend 600m on QNH 997，reaching 900m at 16 or earlier，CXA1124.

　　PIL：下降到修正海压六百保持，修正海压九九拐，幺六分前到达修正海压九百，白鹭幺幺两四。

示例 2：

CTL：CCA1012，descend to 1800 metres on QNH 1016，cross 50 kilometres DME of VSE at or below 3600 metres.

CTL：国航幺洞幺两，下降到修正海压幺八，距南头 DME 五十公里前通过三千六。

PIL：Descend to 1800 metres on QNH 1016，cross 50 kilometres DME of VSE at or below 3600 metres，CXA1124.

PIL：下降到幺八，距南头 DME 五十公里前通过三千六，白鹭幺幺两四。

⑥ 管制员可以随时要求在航路和航线上飞行或者离场的航空器报告位置、高度和其他飞行情况。

### 4. 进近许可

进近许可由塔台管制单位或者进近管制单位发布。

① 当前一航空器处于下列状态时，可以准许后一航空器进行进近：(a)已经报告可以完成其进近；(b)已经与塔台管制单位建立联络，塔台管制员已看到它并且有合理的保证使其完成正常着陆。对于目视进近航空器，进近管制员可以向满足下列条件之一的航空器发布目视进近许可：(a)航空器处于进近序列的第一个，航空器驾驶员可以目视机场；(b)航空器不是进近序列的第一个，航空器驾驶员可以目视机场但无法目视前机；(c)跟随前机落地的航空器驾驶员报告目视看到前机时，管制员可以指示航空器驾驶员保持目视间隔尾随前机目视进近。

② 发出进近许可时，塔台管制单位或者进近管制单位可以根据空中交通情况指定公布的仪表进近程序或者让航空器自选公布的仪表进近程序。进近许可包括复飞许可，也可以根据需要明确发布复飞指令。

示例 1：

CTL：CXA1023，cleared for ILS approach runway 18，report established localizer.

CTL：白鹭幺洞两三，可以 ILS 进近跑道幺八，建立航向道报告。

示例 2：

CTL：CES5737，go around，I say again，go around immediately，obstacle on the runway.

CTL：东方五拐三拐，复飞，我重复一遍，立即复飞，跑道有障碍物。

③ 对于不是在公布航路上飞行的航空器的进近许可，应当在该航空器到达公布的航路上或者按照仪表进近程序开始进近的定位点之后发出。如果指示航空器在到达仪表进近程序定位点之前应当保持高度，则可以在到达该定位点之前发出进近许可。

④ 对于根据进行仪表进近的航空器，为配备管制间隔而有必要使其遵守指定的高度时，应在发布进近许可时指定必要的高度。

示例：

CTL：CES1023，maintain 900m on QNH，cleared for ILS approach runway 18.

CTL：东方幺洞两三，保持修正海压九百，可以 ILS 进近跑道幺八。

⑤ 为了确切掌握进场航空器的位置，管制单位可以要求进行进近的航空器报告位置及高度。

示例 1：

CTL：CCA1010, report intercept VSE VOR 090 radial.

CTL：国航幺洞幺洞，截获南头 VOR 洞九洞径向线报告。

示例 2：

CTL：CCA1010, report runway 18 in sight.

CTL：国航幺洞幺洞，看到跑道幺八报告。

⑥ 公布的仪表进近程序中有盘旋进近的，不得向航空器发出脱离该区域的指示。盘旋进近通常指航空器沿着 ILS 向跑道进近至能够目视跑道的一定高度，然后盘旋至着陆跑道进行落地，是仪表进近程序的补充。最后进近阶段要求：(a)建立持续能见的目视参考；(b)航空器驾驶员必须目视跑道入口；(c)在航空器驾驶员必须保证超障的同时航空器处于可以继续进近的位置。

目视盘旋机动区是航空器可以目视盘旋机动的区域，以所有可用跑道的跑道入口为圆心，$R$ 为半径画圆弧所相交的区域，其中 $R$ 受速度、风、转弯坡度影响，如图 3-13 所示。ICAO 和 FAA 分别提供了空中航行服务程序-航空器运行(Procedures for Air Navigation Services-aircraft Operations，PANS - OPS)标准和终端区仪表飞行程序(Terminal Instrument Procedures，TERPS)标准对盘旋保护区半径和保护区内的超障高提出不同的要求。我国依据 PANS - OPS 标准，考虑目视盘旋机动区的障碍物要求，不得发布脱离该区域的指示，如延长三边(extend downwind)。

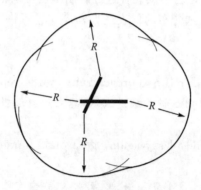

图 3-13 目视盘旋机动区

示例：

CTL：CCA1012, Beijing approach, cleared ILS approach runway 36R, circling to runway 18L.

CTL：国航幺洞幺两，北京进近，可以盲降进近，跑道三六右，盘旋至跑道幺八左。

⑦ 地面能见度和云高符合目视飞行规则或者目视进近条件时，管制单位可以根据空中交通的情况，准许航空器进行目视飞行或者目视进近，并按照标准配备间隔。对因空中交通繁忙、跑道临时关闭以及有紧急着陆的其他航空器，不能许可航空器立即着陆的，管制员应当通知航空器并采取下列措施：

(a) 调整航空器之间的间隔；

(b) 扩大或缩小起落航线；

(c) 对于目视飞行航空器，安排目视等待；

(d) 对于仪表飞行航空器,应当在等待空域内飞行等待。

⑧ 在机场地形、设备和气象条件及空中交通允许的情况下,塔台管制单位或进近管制单位可以允许航空器不做起落航线或穿云航线飞行,直接进近。对于云下目视飞行进场的航空器,进场航向与着陆航向相同或者相差不大于45°,地形条件许可,航空器驾驶员熟悉机场情况,并且不影响其他航空器进入的,可以安排该航空器直接进近。对于仪表飞行的航空器,进场航向与着陆航向相同或者相差不大于30°,地形条件许可,地面导航设备能够保证航空器准确地加入长五边的,可以安排该航空器进行直接进近。

### 5. 进近顺序

航空器着陆顺序应当按照先到达先着陆的原则予以安排。当多架执行不同任务的航空器或者不同机型的航空器同时进场时,应当根据具体情况,妥善安排优先着陆顺序。通常情况下,对于遇到紧急情况的航空器、执行重要任务的航空器,应当允许优先着陆,正在着陆或者处于最后进近阶段的航空器比起飞离场的航空器具有优先权。

当需确定多架连续进近的航空器之间的时间或者纵向距离间隔时,应当考虑航空器的速度差、距跑道的距离、适用的尾流间隔、气象条件、跑道占用时间以及影响跑道占用时间的因素等。

## 3.4.2　离场航空器的管制

### 1. 离场航空器管制工作程序

进近管制员对离场航空器实施管制时,应实施下列工作程序:

① 航空器预计起飞前30 min完成以下准备工作:了解天气情况、取得最近的天气实况、了解通信导航监视设备可用状况、校对飞行申请和计划、准备飞行进程单、安排进离场次序;

② 本管制区内离场航空器预计开车前10 min开机守听,将离场程序通知塔台管制单位;

③ 收到离场航空器进入进近管制空域的位置报告后,指示其按照程序飞行,通知空中有关飞行活动;

④ 通知离场航空器转换频率与区域管制单位联络,按照规定进行管制移交;

⑤ 接到航空器驾驶员报告已与区域管制单位建立联络,并且飞离进近管制空域时,准许航空器脱离联络。

### 2. 高度调整

离场航空器进入进近管制责任区后,进近管制员应及时发布上升高度指令。鉴于间隔和航空器高度层配备的需要,进近管制员可能会重新指定高度。正常情况下,上升/下降高度一般不会出现反复情况。

① 离场航空器在进入进近管制区一定时间内应该安排航空器上升高度;

② 如果航空器高度上升困难,则可以依靠离场等待程序上升高度,避免低高度等待;

③ 指挥航空器上升高度时,目标高度达到过渡高度层(含)以上,应明确使用标准气压(on standard)。

示例:

CTL:CSN3358,Beijing approach, climb and maintain 3900m on standard.

CTL:南方三三五八,北京进近,上升到标准气压三千九保持。

④ 一般情况下,整个进近范围内离场航空器接收管制指令的目标高度不应低于航空器当前高度,即离场航空器在进近范围内应处于上升或者平飞的状态,无特殊情况,离场航空器应避免下降高度。

⑤ 对于相互影响的离场航空器,一般应按照前高后低原则分配离场航空器高度。

⑥ 应注意避免对离地航空器立即发布管制指令,同时发布上升高度指令时,应使相互影响的离场航空器保持梯次上升,如果间隔调配需要则应在指令中加入条件限制。

⑦ 管制员可以随时要求在航路和航线上飞行或者离场的航空器报告位置、高度和其他飞行情况。

**3. 离场顺序**

执行不同任务的航空器或者不同机型的航空器同时飞行时,应当根据具体情况,安排优先起飞的顺序。通常情况下,允许执行紧急或者重要任务的航空器、定期航班或者速度大的航空器优先起飞。安排航空器放行顺序应当考虑下列因素:

① 具有优先权的航空器;

② 航空器的机型及其性能;

③ 飞行航路;

④ 航空器之间的最小间隔;

⑤ 尾流间隔标准;

⑥ 有利于加速流量或者空中交通流量管理的有关要求。

当多架离场航空器延误时,通常管制员应当按照延误航空器的原计划起飞时间次序放行。为了减少延误航空器的平均延误时间,管制员可以对航空器的起飞次序进行调整。进近管制单位和区域管制单位对离场航空器实施流量控制或者有其他调配的,应当尽早通知塔台管制单位安排离场航空器在地面或空中等待。

# 3.4.3　飞越航空器的管制

**1. 飞越航空器管制工作程序**

进近管制员对飞越航空器进行管制时,应当按照下列程序工作:

① 按照规定通知开放通信、导航设备;

② 按照进入、离开进近管制空域的有关程序管制其飞行,并告知同意其飞越的高度;

③ 将空域内有关空中交通情报通知飞越的航空器;

④ 按照规定进行管制移交,并将航空器飞越移交点的时间和高度通知区域管制单位。

**2. 飞越航空器的指挥**

不同于进离场航空器,飞越航空器从进近管制区飞越,影响的航路航线距离一般较远,导致飞越航空器同进离场航空器之间的冲突也较多;低空飞越航空器在按照预定航路通过进近管制区时,与进离场航空器的飞行冲突一般更大。程序管制条件下,管制员无法通过更改航空器的航向来解决飞行冲突,根据不同情况可以考虑如下方法进行指挥:

① 根据解决飞行冲突的需要,重新规划飞越航空器在进近管制空域内的飞行路径,使飞越航空器与进离场航空器之间能够满足安全间隔需求。对于飞行路径重新规划,应考虑如下三个原则:(a)飞行路径的更改应避免使飞越航空器的飞行时间增加过多;(b)飞行路径的更改

应尽量选择空域中已有的航路;(c)飞行路径更改后应便于飞行冲突的解决。

② 在满足间隔要求的情况下,可通过改变飞越航空器的飞行高度以减少与其他航空器的冲突可能性。对于改变飞行高度的航空器,应考虑如下几个原则:(a)对于改变飞行高度的飞越航空器,在移交之前建议将航空器高度调整到协议高度或原巡航高度;(b)飞行高度的更改应注意不要超出本管制区的范围和航空器的性能限制。

③ 对于不适合修改飞行路径或高度的飞越航空器,进离港航空器应调整高度或飞行路径对其进行避让。

## 3.4.4　等待航空器的管制

因空中交通繁忙、跑道临时关闭以及有紧急着陆的其他航空器,不能许可航空器立即着陆时,管制员应当通知航空器采用扩大或缩小起落航线以及调整航空器间隔的方法,也可以安排航空器进行等待。管制员安排航空器进行等待时,应参考以下程序:

① 对于目视飞行的航空器,应当在通常使用的目视位置报告点或目视确认的地点上空盘旋等待;让两航空器在同一地点等待时,应向该航空器提供交通情报。

示例:

CTL:CCA1010, hold north of RB NDB on track 210 degrees, left turns.

CTL:国航幺洞幺洞,在河堤 NDB 北侧,航迹两幺洞,左转弯进行等待。

② 对于按照仪表飞行规则飞行的航空器,应当在等待空域内飞行等待。但每架航空器在等待空域内飞行和进入着陆的时间,通常不应当超过 30 min。在等待空域内飞行的航空器,应当严格保持规定的高度层,按照规定的等待航线飞行。因故急需着陆的,航空器驾驶员应当立即报告塔台(进近)管制员,经过允许后,按照有关程序下降和着陆。

③ 指挥航空器进行等待时,应当在该航空器到达管制许可界限点或进近定位点 5 min 之前,向该航空器发出包括以下内容的指示:

(a) 等待定位点;

(b) 等待航线与等待点的方位关系;

(c) 飞往等待定位点的航路或航线及所使用的导航设施的径向线、航向、方位;

(d) 等待航线使用测距设备表示的出航距离或者以 min 为单位的出航飞行时间;

(e) 等待航线的转弯方向。

以上等待程序内容已公布的,可以省略。如果航空器驾驶员提出不能执行公布的或许可的空中等待程序,那么管制员应该发布其他的指令以满足其运行要求。

示例:

CTL:CYZ038, proceed to TOL, maintain 7200 meters, hold inbound track 038 degrees, left hand pattern, outbound time one and a half minutes, expect further clearance at 19.

CTL:邮政洞三八,直飞 TOL 加入等待,高度拐两,入行航迹洞三八,左等待,出航时间一点五分钟,预计下一步指令时间 19。

④ 在实际工作中,如在航图中已公布有标准的等待程序,此时管制员在给航空器发布等待指示时一般包括如下信息:

(a) 等待位置,指等待定位点的名称;

　　(b) 所应该保持的等待高度；

　　(c) 预计等待时间或预计进近时刻；

　　(d) 等待原因(如有必要)。

　　示例：

　　CTL：CSN1807, maintain 1500m due to separation, hold at VSE as published, estimating approach time 18.

　　CTL：南方幺八洞拐，由于间隔原因保持高度幺五，南头上空加入等待，预计进近时刻18分。

　　⑤ 预计航空器的等待飞行时间和由等待飞行空域至起始进近点的时间在 30 min 以上时，管制员应当了解航空器的续航能力并迅速通知该航空器预计进近时刻或者预计更新管制许可的时间。等待时间未确定的，也应当通知该航空器。对于预计进近时刻(Expected Approach Time，EAT)，进场航空器在延迟之后，管制单位预计其完成进近着陆飞离等待点的时刻。进场的预计更新管制许可的时间应当在该航空器的等待定位点发出。预计还要进行等待的，应当通知该航空器尽可能准确的预计等待时间。

　　⑥ 航空器按照标准的等待程序进行等待时，在接到管制员脱离等待的指令后，应该在等待程序中调整航线，要求航空器驾驶员按照公布的等待程序飞行直至再次到达等待定位点，在规定时间脱离等待程序。考虑到等待程序进入方式的不同所需时间也有所不同，其中第一和第二扇区自航空器到达等待定位点至完成第一圈等待共需要 7 min(4 250 m 以上时需要 8 min)，第三扇区需要 4 min。因此，在计算预计进近时刻时，管制员应充分考虑航空器的进入方法。

　　⑦ 如果航空器在低高度层飞行耗油大，则应尽早将预计进近时刻发给航空器，以便驾驶员选择消磨延误时间的方法。当修订的预计进近时刻与先前发出的相差 5 min 或 5 min 以上时，必须立即将修订的预计进近时刻发给航空器。

　　⑧ 航空器进行等待后向其发出更新的管制许可，应当包括下列事项：

　　(a) 新的管制许可界限点或进近许可；

　　(b) 在新的管制界限点之前的全部飞行航线；

　　(c) 高度；

　　(d) 其他必要的事项。

　　⑨ 在航空器能够目视地面确定位置，并报告熟悉该地点的条件下，利用该地点作为等待用语。

　　示例：

　　CTL：CCA1010, hold at north of the Huanghe Bridge until 20.

　　CTL：国航幺洞幺洞，两洞分之前在黄河大桥北侧等待。

　　⑩ 在等待空域内飞行的航空器，必须严格保持规定的高度层，按照规定的等待航线飞行。一个等待高度层，只允许有一架航空器进行等待。同时，当航路飞行的航空器距离等待区的飞行时间在 5 min 之内时，等待飞行的航空器与航路飞行的航空器之间必须配备适当的垂直间隔。

### 3.4.5　协调与移交

　　管制工作关系通常包括管制席位、军方管制单位、通导部门、情报和管制单位内部的人员，整个管制协调工作需要进行信息双向沟通的单位很多，交换信息量也非常大。协调工作主要包括管制单位和飞行管制部门之间的协调、管制单位与运营人或机场管理机构之间的协调、提供空中交通管制服务的协调和提供飞行情报服务及告警服务的协调。管制移交主要体现在管制单位之间，进近管制单位进行空中交通管制服务的主要工作如图 3 - 14 所示。

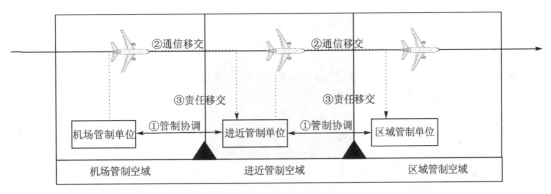

**图 3 - 14　协调和移交示意图**

　　在管制空域的航空器进入或离开管制区前，首先需要双方管制部门协调，然后通过航空器完成通信移交，待航空器飞越移交点再进行管制责任的移交。

**1. 管制协调**

　　移交管制单位应当将现行飞行计划中的有关部分和有关该次移交的资料发给接受管制单位；接受管制单位应当根据移交管制单位所定条件及双方协调情况，明确表明是否接受对该航空器的管制。

　　(1) 离场航空器的协调

　　机场管制塔台应当及时将离场航空器的起飞时间通知进近管制单位。进近管制单位和区域管制单位如将对离场航空器实施流量控制或有其他调配，应当尽早通知机场管制塔台安排有关航空器在地面或空中等待。航空器飞离进近管制空域前，进近管制单位应当及时将该航空器的飞行情报通知区域管制中心。

　　(2) 进场航空器的协调

　　区域管制单位应将进场航空器的相关情报，在该航空器的预计飞越管制移交点前 5 min，通知进近管制单位，该情报包括航空器呼号、航空器机型(可省略)、进近管制点及预计飞越时刻、预计飞行高度、管制业务移交的方式(时间、定位点或高度)。

　　进近管制单位应将关于进场航空器的相关情报及限制要求提前通知区域管制单位，区域管制单位按照要求调配进场航空器达到进近所需的移交条件，该情报和限制条件包括：

　　① 在等待定位点上空正在使用的高度；

　　② 进场航空器之间平均间隔的时间；

　　③ 要求航空器到达管制移交点的时间；

④ 接受对该航空器管制的决定；

⑤ 如果机场撤销仪表进近程序,仪表进近程序的撤销时间；

⑥ 要求区域管制单位变更航空器预计到达进近管制点的时间,并且时间变更在 10 min 以上的变更时间；

⑦ 与区域管制有关的航空器复飞的情报；

⑧ 通信中断航空器的有关情报。

进近管制单位应当在不迟于航空器飞越管制移交点前 3 min 或者按照管制协议,将进场航空器的下列情报通知相关塔台管制单位：

① 航空器呼号；

② 航空器机型；

③ 预计到达进近定位点或者机场上空的时间、预定高度或实际高度；

④ 必要时,通知仪表进近的种类。

**2. 管制移交**

(1) 通信移交

通信移交是指在将航空器移交给下一个管制单位之前,移交方先指示该航空器与接收单位建立通信联络,此时该航空器与双方管制单位之间均建立通信联系,当该航空器报告已过管制移交点时,移交方将该航空器的管制责任移交给下一个管制单位。

在实际管制工作中,通信移交与责任移交往往会进行合并,但如果该航空器与空域内的其他航空器存在潜在的飞行冲突,则管制员在指挥该航空器联系下一个管制单位时,应指示该航空器与自己保持长守,直到所有的飞行冲突均已解除,再指挥其与自己脱波。

(2) 责任移交

责任移交是指移交方管制员与航空器脱波,接受方管制员承担起该航空器管制责任的过程。责任移交应在被移交航空器与移交方潜在的飞行冲突和不利影响已得到正确处理,必要的协调已完成后方可进行。在责任移交完成前,航空器的管制责任仍由移交方承担。虽然接受方已与该航空器建立通信联系,但未经移交方同意,接受方不得改变该航空器的航行诸元,如果为解决飞行冲突需要改变,则应提前与移交方进行协调,争得移交方的同意,禁止越权指挥本管制区范围外的航空器。

航空器由某一管制区进入相邻的管制区前,管制单位之间必须进行管制移交。管制移交应当按规定和双方的协议进行,如果因为天气和机械故障等原因不能按规定或协议的条件进行,则移交单位应当按照接收单位的要求进行移交,接收单位应当为移交单位提供方便。

管制移交的接收单位需要在管辖空域外接受移交,应当得到移交单位的同意。在此情况下,移交单位应当将与该航空器有关的情报通知接受单位。当接受单位需要在管辖空域外改变该航空器的航向、高度和速度时,应当得到移交单位的同意。当航空器飞临管制移交点附近时,如果陆空通信不畅或者因某种原因不能正常飞行,则移交单位应当将情况通知接受单位,并继续守听直至恢复正常为止。

(3) 移交方式

1) 指定边界点的移交

指定边界点移交,指航空器保持航路高度平飞,过交接点时转频。该种方法通常适用于区域管制单位之间的管制移交,航空器在航路飞行阶段的绝大部分时间是保持高度平飞,因此,当航空器过管制移交点时,即可将该航空器移交给下一个管制单位。除非接收单位对该航空器的移交点或移交高度有限制,否则移交方应按照接受单位的要求进行管制移交。

示例:

CTL1: Approach, Control, CSN3324, 4200 meters maintaining, estimating VYK at 02.

CTL1:进近,区域,CSN3324 高度 4 200 m,预计大王庄 02。

CTL2:ACC, Roger, CSN3324, 4200 meters maintaining, VYK at 02.

CTL2:区域进近收到,CSN3374,高度 4 200 m,大王庄 02。

2) 指定高度的移交

指定高度的移交,指航空器达到规定交接高度时转频,接收单位建立联系后应尽快指挥航空器脱离移交双方划定垂直方向上的移交界限,航空器一旦越过该垂直界限,双方即可完成管制移交,而不需要考虑该航空器所处的水平范围。例如,区域 A 与进近 B 之间的协议移交高度为 4 500 m,此时区域管制将进场航空器的高度下降到 4 500 m 即可指挥该航空器联系进近管制,即便此时该航空器还处于区域管制的水平范围内。

采用高度移交的方法时,接受方接管了航空器的管制责任后,应尽快指示航空器离开移交高度,如果不能离开,则需要双方进行协调。实际工作中,为了提高管制工作效率和航空器运行效率,在航空器接近协议移交高度时,如果没有飞行冲突,移交方管制员即可指示航空器转频。例如,当离场航空器高度接近移交高度 4 200 m 时,在不存在飞行冲突的情况下,进近管制单位可指挥航空器联系区域管制,而当区域管制接管该航空器后,可指示航空器继续上升到更高的高度,此时航空器始终处于持续上升状态。

3) 同时满足指定高度和点的移交

同时满足指定高度和点的移交,指双方设置管制移交点并对航空器过管制移交点时的高度也进行了明确。使用该移交方式,移交双方对移交高度和移交位置都有限制。此时,双方在移交航空器时,应尽可能满足协议的移交高度,并且不晚于航空器通过管制移交点完成对航空器的管制移交。如果由于冲突等原因,航空器无法达到协议移交高度,则双方需提前进行管制协调,重新确定移交高度。

在东方机场模拟空域中,东方进近与东方区域之间即采用高度和点的移交方式,例如,对于广州—东方和东方—广州的进离港航空器,进近与区域移交点为大王庄(VYK),离港航空器在到达 VYK 前应上升至移交高度(4 200 m),在航空器不晚于通过 VYK 前,东方进近可以向东方区域实施管制移交;进港航空器在到达 VYK 前应下降至移交高度(4 500 m),在航空器不晚于通过 VYK 前,东方区域可以向东方进近实施管制移交。

4) 满足指定高度或点的移交

满足指定高度或点的移交,指双方设置了管制移交点和移交高度,当航空器过移交点或高度达到移交高度时,双方即可对航空器进行管制移交。使用此种方法时,航空器通过管制移交点时的高度需要双方通过管制协调临时协调。

**3. 飞越航空器的协调和移交**

飞越航空器涉及航空器的进入和离开。对于进入管制区的航空器,可以按照进场航空器的协调和移交程序进行;对于离开管制区的航空器,可以按照离场航空器的协调和移交程序进行。注意,飞越航空器的协调和移交双方可以发生在进近、区域或塔台之间。

### 3.4.6　交接班程序

管制单位应当制定交接班制度,制作岗位交接班检查单。交接班制度应当明确岗位交接的内容和程序,保证接班管制员有足够的时间熟悉所接替岗位的情况。管制员应当按照本单位交接班制度进行交接,并填写交接班检查单。

**1. 岗前准备**

管制员上岗前,管制单位应当进行岗前准备,内容包括:

① 了解、掌握管制员身体、思想、技术状况,合理安排班组资源;

② 了解、掌握进近管制区天气情况及发展变化的趋势;

③ 了解、掌握进近管制区的使用空域情况、流量管理情况和空中交通情况;

④ 了解、掌握使用管制设备的工作情况;

⑤ 提出本次值班工作的注意事项。

当管制员不适合从事相应空中交通管制岗位工作时,应当主动报告。

**2. 交班人员应通报的内容**

① 设备的开/关、使用情况,包括工作状态、故障情况及使用跑道;

② 本席位、相邻席位、管制报告室的有关限制和规定、炮射活动、空军活动等需要下一班人员注意的情况;

③ 本管制区内的天气情况和演变趋势;

④ 有关放行许可、流量控制、起降时刻、禁航、高度限制、协调和移交中的特殊要求;

⑤ 本班组在工作中出现的重要情况及处理经过。

**3. 交班人员应移交的内容**

① 正在管制的空中航空器的位置和飞行状态;

② 已经发布的管制指令及进一步的管制要求;

③ 已经同意接收的、已经协调过的航空器的动态。

**4. 交接班注意事项**

① 确实明白交班人员应通报的各项内容后进入管制席位;

② 掌握上述交班人员应移交的各项内容后,开始实施管制工作。

在接班人员进入管制席位实施工作后,交班人员应与其重叠工作 5～10 min,未经接班者同意交班者一般不得离开岗位。除非移交的管制席位没有活动,否则交班人员应在冲突或特殊情况排除后才能离开。

# 3.5　进近管制策略和方法

进近管制提供的空中交通管制服务的主要内容是接受进场航空器和离港航空器,在保证安全和交通顺畅的前提下将进场航空器下降到合适高度移交塔台管制单位,将离场航空器上升到合适高度移交区域管制单位。在进近管制工作中,航空器上升和下降需求会导致大量的飞行冲突,飞行冲突识别和调配是进近管制单位的核心工作。

## 3.5.1　飞行冲突

在空中交通管制工作中,"冲突"指航空器运行过程中,存在与其他航空器或障碍物之间相撞的危险,即航空器在运行过程的某一特定时间与其他航空器或地面障碍物在空间占有上发生了重叠,在程序管制情况下,冲突逻辑上是指特定两架航空器之间存在相互制约。依照所占用空间的不同,航空器之间发生危险的程度也不同,所发生的冲突类型也不同。由于缺乏直观的验证,按照某种最低间隔规定配备的间隔往往比预期的间隔差别要大,只要严格按照程序管制间隔要求所限制的规则实施航空器运行,就满足安全概率的要求。

飞行冲突具有孤立性和关联性的特点。根据空域中航空器的飞行状态,飞行中的冲突可分为顺向飞行、交叉飞行和逆向飞行。当两个航空器航迹差小于 45° 时,航空器冲突主要集中在顺向穿越和顺向追赶方面;当航空器航迹差大于 135° 时,航空器的飞行冲突应按照逆向飞行来处理;当航空器航迹差在 46°～134° 之间时,航空器交叉飞行。每个飞行冲突至少涉及两架航空器,就管制工作中的某一个飞行冲突而言,该飞行冲突是孤立存在的。同时,由于航路航线及空域结构等的特点,有时孤立的飞行冲突之间存在着相互关联的现象。管制员的管制指挥,可以先孤立地分析飞行冲突,寻找孤立飞行冲突的解决方法,然后再考虑飞行冲突的关联性,寻求最佳的冲突解决方法。

飞行冲突可以分为明显的飞行冲突和潜在的飞行冲突。在管制指挥过程中,有些冲突是容易被管制员发现的,例如,两架航空器在空中已经形成了对头飞行或交叉飞行的状态,此时管制员对此类飞行冲突的重视程度往往较高。但有些飞行冲突却存在一定的隐蔽性,容易被管制员所忽略,从而导致管制运行安全受到严重影响。管制员在管制工作中不仅要能够发现明显的飞行冲突,而且更应该注意潜在的飞行冲突。

## 3.5.2　冲突调配原则

① 执行不同任务的航空器或者不同性质的航空器,在同一机场同时飞行的,应当根据具体情况安排优先起飞和降落的顺序,一般原则为

(a) 一切飞行让战斗飞行;

(b) 其他飞行让专机飞行和重要任务飞行;

(c) 国内一般任务飞行让班期飞行;

(d) 训练飞行让任务飞行;

(e) 场内飞行让场外飞行;

(f) 场内、场外飞行让转场飞行。

② 飞行流量管理的原则为:飞行前流量管理为主,飞行中流量管理为辅;航空器地面等待为主,空中等待为辅。在地面的航空器申请放行时,进近管制员可以根据飞行计划对飞行冲突做好预先判断。如果航空器起飞后进离场飞行冲突较大,则管制员可以适当限制或推迟航空器起飞时间,将航空器冲突化解在地面。但应注意,推迟航空器的起飞时间要在合理的范围之内,避免造成航班不必要的延误。

③ 航空器着陆顺序应当按照先到达先着陆的原则予以安排。当多架执行不同任务的航空器或者不同机型的航空器同时进场时,应当根据具体情况,安排优先着陆顺序。正在着陆或者处于最后进近阶段的航空器比起飞离场的航空器具有优先权。

④ 确定多架连续进近的航空器之间的时间或者纵向距离间隔时,应当考虑航空器的速度差、距跑道的距离、适用的尾流间隔、气象条件、跑道占用时间以及影响跑道占用时间的因素等。

⑤ 航空器冲突调配应当在识别航空器潜在冲突后尽早进行。

### 3.5.3　冲突调配方法

由于程序管制的特殊性,在管制工作中能够供管制员进行飞行冲突调配的航行各元素较少,因此管制员在进行冲突调配时的手段也较为单一,每一种飞行冲突的调配方法都有其优点,但同时对管制工作也存在着潜在的影响。因此,在冲突调配时,管制员应合理选择冲突调配方法。

#### 1. 高度调配

高度调配是将航空器安排在不同的高度层上飞行,使航空器之间保持规定的垂直间隔,是程序管制冲突调配的主要方法。在航空器飞行过程中,飞行高度容易保持,误差较小,保持航空器不同高度层平飞是一定符合安全要求的。但在同一航线或同一空域占用高度层太多,势必会增加上升、下降阶段高度穿越冲突。冲突调配的技巧主要集中在当两航空器存在穿越高度需求时,寻求什么样的最小水平间隔标准的使用条件才能达到穿越的目的。所以,在管制工作中必须合理地进行高度调配,对航空器选择合适的高度层。

#### 2. 时间调配

时间调配是以控制航空器到达某一位置点的飞行时刻的方法来解决飞行冲突,主要用来实现航空器之间的水平间隔。在管制指挥过程中,实际操作方法主要包括限制过台时间和马赫数技术。由于依据该方法配备的间隔通常准确性较差,受天气影响较大,因此在实施管制时,要经常根据航空器驾驶员的位置报告及时修正,以保证足够的安全间隔。

#### 3. 横向间隔调配

横向间隔调配是使航空器之间保持规定的横向间隔,即航空器在不同航线上或不同空域内飞行时,航线之间、空域之间及航线与空域之间必须有一定的安全间隔,才可以安排航空器同高度飞行。

以上三种方法,在实际工作中不能机械地只用一种,而应全面掌握飞行动态,综合利用各种方法,用不同的方法解决不同的冲突。例如,当交叉飞行发生冲突时,时间调配、高度调配和横向间隔调配既可单独使用又可以综合使用。

### 3.5.4　冲突调配基本技巧

#### 1. 位置判断技巧

航空器的位置以及下一步的运行趋势是冲突判断和调配的依据。进近管制员不仅要能够根据进程单和航空器驾驶员的位置报告信息获取位置,而且要能够预判航空器的位置。

(1) 垂直位置

进近范围内,我国民用机场航空器一般按照修正海压飞行,军用机场或军民合用机场一般按照场压飞行,每 300 m 一个高度层。航空器垂直上升率和下降率一般按照 2 000 ft/min 掌握。该垂直速度只是一种平均情况,很多航空器的垂直速度超过了 2 000 ft/min;但在一些载重较大的航空器起飞过程中不一定达到 2 000 ft/min,气温较高时这种可能性更大。如果冲突调配需要,则可以从指令上限制航空器的垂直速度。航空器高度调整需要一定的反应时间,如航空器 2 min 从 4 200 m 下降到 3 000 m 是可以实现的,但是从 4 200 m 下降到 3 900 m 从发布指令到完成高度调整半分钟是难以实现的。同时,航空器在离地阶段和等待转弯阶段,原则上不发布明确的高度调整指令。基于垂直速度参考,管制员可以基本判断航空器所处的垂直高度,如果需要更加明确的高度信息,则可以随时要求航空器驾驶员进行高度报告。

示例:

CTL:CCA1011,climb to 5400m at 2000 feet per minute or greater.

CTL:国航幺洞幺幺,上升到五千四,上升率不低于两千英尺每分钟。

CTL:CCA1011,descend to 1200 m at 2000 feet per minute or less.

CTL:国航幺洞幺幺,下降到幺两,下降率不低于两千英尺每分钟。

（2）水平位置

航空器性能差异导致不同类型航空器的不同运行阶段的速度并不相同。一般进近范围内,C/D 类航空器可以按照 10 km/min 掌握,离地航空器可以按照 5 km/min 掌握,具体以航空器位置报告为准。基于水平速度参考,在明确了航空器飞行路线的前提下,管制员可以粗略了解某个时间航空器所处的水平位置。如果需要更加明确的位置,则进近管制员可以随时要求航空器驾驶员进行位置报告。

### 2. 水平冲突调配技巧

（1）调整飞行路线

调整飞行路线是通过改变航空器飞行距离来调整水平冲突的方法,可以运用在航路飞行和进离场阶段飞行上。如图 3 - 15 所示,假定航空器起始位置为 P13、目的位置为 P33,则可以通过 P13 直接到达 P33,也可以通过 P23 再到 P33。如果航空器在 P13 和 P33 之间存在冲突,并且采用高度调配方法不足以完成冲突调配,则可以调整飞行路线为 P13—P23—P33,从而避免飞行冲突。

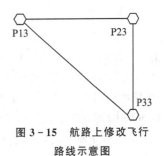

图 3 - 15　航路上修改飞行路线示意图

如图 3 - 16 所示,从 W 位置进港的航空器可以通过 LEM - 03A 或者 LEM - 04A 进场,到达不同的起始进近点进近。如果前后航空器冲突较多,则可以通过调整航空器进场程序打破进近次序,从而获得可靠的调配策略。特殊情况下,还可以要求航空器直飞导航台(定位点)或者要求按照某个航迹飞行调整飞行路线,如指挥 W 进港航空器直飞 IDD。

（2）等待和盘旋

因空中交通繁忙或跑道临时关闭以及有紧急着陆的其他航空器,不能许可航空器立即着陆时,可以使用等待航线或者盘旋用来缓解交通压力。通常,航空器在等待航线上飞行一周约 4 min,盘旋一周需要 3 min。每架航空器在等待空域内飞行和进入着陆的时间,通常不应当超过 30 min。由于没有精确的监视设备,标准程序管制通常只允许航空器按照飞行程序飞行,不允许盘旋。由于部分空域结构复杂,调配难度高,所以我国配备了雷达或 ADS - B 的一些运行单位,根据工作需要会在监视设备辅助下脱离等待程序进行等待或盘旋。

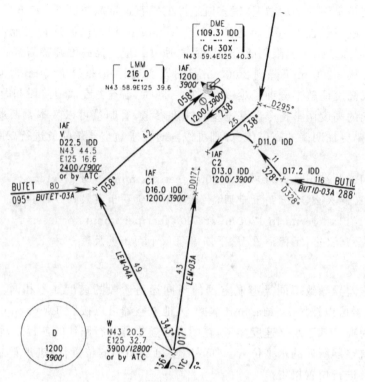

图 3－16　进场阶段修改进场路线示意图

（3）限制过台时间

程序管制原则上不直接调整航空器速度，可以结合导航台在一定条件下间接调整航空器速度。一般情况下，航空器预计过台时间大于 5 min 可以调整 1 min，如当前时刻 10 分，航空器 CCA1214 预计过 VYK 时刻为 20 分，管制员可以根据冲突调配需要指挥航空器 CCA1214 在 19 分过台或 21 分过台。如果预计过台时间余度较小（如 4 min），则不建议使用该方法进行调整，必要时可以征求航空器驾驶员的意见。另外，垂直速度是可以控制的，一般为 2 000 ft/min，需要时可以加速到 3 000 ft/min。

（4）地面等待

冲突调配按照调配时机分为飞行前调配与飞行中调配。其中，飞行前调配主要是控制地面航班的起飞时刻，避免与进港航班冲突，简单讲为地面等待。具体操作方法为：在确定空中相关航路上冲突航班的过台时间、高度后，如果地面航空器起飞后存在冲突，那么在避免延误过久的情况下，短时延后起飞时间可以减少空中冲突。在地面需要控制过久时，此种方法不建议使用，除非特殊情况下可长时间大规模控制地面。

示例：

PIL1：CCA1011，RWY18，MA60，departure time 05，destination Qingdao.

PIL1：国航幺洞幺幺，跑道 18，MA60，离场时间 05，目的地青岛。

PIL2：CCA1012，RWY18，A330，departure time 06，destination Nanjing.

PIL2：CCA1012，跑道 18，A330，离场时间 06，目的地南京。

CTL：CCA1011，departure time at 08，stand by.

CTL：国航幺洞幺幺，离场时间 08，稍等。

两架航空器具有放行间隔，但 CCA1012 起飞后水平速度和垂直速度都较快。两架航空器起飞后，进近范围内除非一架航空器处于 VSE 南侧 50 km 外，否则 CCA1012 不能穿越 CCA1011。管制员可以安排 CCA1011 09 分起飞，从而避免空中穿越所引起的飞行矛盾。

（5）高度调整

高度调整是一种微观的间隔调配方法。在进近范围内，航空器飞行高度高时水平速度大，反之水平速度小。在前后航空器水平间隔存在并且该间隔接近间隔标准时，需要关注航空器的高度安排，避免在飞行过程中间隔不足。

例如：CCA1011 和 CCA1012 为东方机场落地航空器，使用跑道 18。

PIL：CCA1011, B747, over VSE, maintaining 1200m, estimating VNE at 10.

PIL：国航幺洞幺幺，B747，VSE 上方，保持 1 200 m，预计 VNE 10 分。

CTL：CCA1011.

CTL：国航幺洞幺幺。

CTL：CCA1012, B737, position 42 kilometers DME of VSE, maintaining 4200m, expect VNE at 14.

CTL：国航幺洞幺两，A737，位置 VSE 以南 42 km，高度 4 200 m，预计 VNE 14 分。

按照航空器着陆需要，CCA1011 在合适时机继续下降到高度为修正海压 600 m 以完成进近，此时 CCA1012 第二个落地，从进近次序和所处位置看没有明确的下降高度需求。但应注意，两家航空器水平间隔 4 min，正好满足本场连续进近间隔的要求，如果 CCA1012 不及时跟进下高度，则 CCA1012 所处高度速度大会导致 4 min 水平间隔难以维持，从而影响 CCA1012 及时落地。

（6）延长一边

使用程序管制间隔时，原则上要求使用该间隔的航空器位置关系相对稳定，其中延长一边是维持航空器稳定位置关系的一种有效手段。延长一边要注意扇区最低安全高度要求，要在一定的范围内进行。

例如：

CCA1011，跑道 36，A320，航班计划 05，当前时刻 11 分高度 1 500 m，目的地南京。

CCA1012，跑道 36，A330，航班计划 08，当前时刻 11 分，目标高度 1 200 m 上升，目的地乌鲁木齐。

航空器 CCA1011 按照 VYK - 01D 离场，航空器 CCA1012 按照 KM - 01D 离场。CI 上空要求 3 000 m（含）及以上，为了确保 CCA1012 CI 之前达到 3 000 m，需要在 CCA1011 在 VSE 之前多次询问高度以提供 CCA1012 的上升机会。也可以指挥 CCA1012 保持一边穿越 CCA1011 的高度之后再左转加入航路。

管制员具体操作为：①指挥航空器 CCA1012 保持一边飞行，高度 1 200 m 报告；②指挥航空器 CCA1011 距 VNE 20 km 报告。在大约 13 分时，CCA1011 报告距 VNE 20 km。此时指挥航空器 CCA1012 上标准气压 4 200 m（或其他合适的高度层），高度通过 1 800 m 报告。一旦明确 CCA1012 达到 1 800 m，两架航空器就完成了穿越并建立了垂直间隔，CCA1012 可继续按离场程序飞行。

（7）扩大反向角

扩大反向角是针对航空器反向程序时的一种调配手段,主要用于在连续进近航空器之间不满足间隔但同标准间隔差别不大时使用。扩大反向角要注意扇区最低安全高度要求,在一定的范围内进行,一般反向角出航延长 1 min,前后航空器间隔将扩大 2 min。对于东方本场连续机场航空器,如果需要后航空器反向程序时出航延长 1 min 以上,则建议后航空器在 VNE 或 VSE 加入等待。

### 3.5.5　本场关键冲突分析

在对飞行冲突解决方案进行优化时,首先应根据管制空域及进离场航线的结构特点,找出该空域的冲突点,并将该点所有冲突的解决方案进行预先准备。通常,一个冲突点的飞行冲突解决方案往往有多个,管制员应在管制过程中根据飞行冲突的实际情况,选择合理的冲突解决方法。在东方机场进近管制空域中,根据进离场航线的结构特点,存在明显的冲突点,如图 3 - 17 所示。

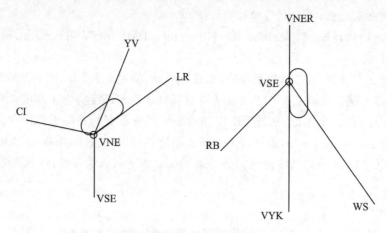

**图 3 - 17　关键冲突点示意图**

根据东方进近空域结构,飞行冲突主要集中在 VNE 和 VSE。其中,VNE 位置涉及 3 个进场程序和 3 个离场程序,VSE 位置涉及 3 个进场程序和 3 个离场程序。

在图 3 - 17 所示的两个空域内除非有安全间隔,否则航空器不能处于相同的高度。

### 3.5.6　管制预案与指挥

管制预案是管制员根据飞行动态所制定的冲突调配方案。管制预案分为长期预案和临时预案,其中,长期预案是指管制员根据空域及航路/航线结构所掌握的固定的冲突调配方案,在空中交通出现类似冲突时,管制员能够根据头脑中所掌握的冲突调配方案实施管制工作。而临时预案是指当空中交通状况发生改变时,如航空器的进场高度或进场时间的变换,管制员应根据空中交通状态临时做出的冲突调整方案。

对管制员而言,长期预案和临时预案都很重要,但管制员最需要的能力是临时预案的制定,而不是事先将所有预案做细。在实际管制指挥工作中,空中交通管制是一个连续性的过程,且存在极大的不可预知性,管制预案制作过细会影响管制过程的灵活应变。对于管制模拟训练来说,应该在对长期预案确定的基础上,深入分析可能发生的各种情况,形成多种备用方案,从而提高临时预案的处理能力。在管制初始学员模拟指挥过程中,如果空中交通状态同预案不一致,那么在不能及时构建合适的临时方案时,建议参照长期预案的问题处理框架进行管制指挥,避免出现情景意识丧失的情况。

**1. 管制预案的制定流程**

① 熟悉航空器飞行路径以及进出空域位置和时间。

② 了解航空器优先级,在明确优先级的基础上从宏观上对进离场航空器进行排序。一般情况下,首先对进港航空器进行排序,然后结合进离场航空器航班时刻特点安排离港航空器。排序方法通常有两种:

(a)采用先来先服务原则。先来先服务中的"先来"为按照到达初始进近定位点航班顺序排序,先到初始定位点即为"先来";"先服务"指优先安排着陆。

(b)建立优化目标。例如,航空器着陆平均延误时间最短、管制工作负荷最低等。

该步骤可以放置于步骤④中,作为最佳方案选择的判断方法。把该步骤提前,实际上采用了目标局部最优的策略,避免全局搜索影响管制方案制定的效率。实际工作中,反应时间有限,快速得到一种安全的、比较高效的预案是更有价值的。

③ 基于航空器预期飞行路径、航段距离、航空器运行速度分析航空器预计动态位置,从而分析进场航空器之间、离场航空器之间以及进离场航空器之间的冲突点。首先查找孤立冲突,然后查找关联冲突。

④ 在冲突明确的基础上,使用通用间隔标准或者地区性间隔标准对冲突予以化解,形成多种解决方法,并从中选择最佳的冲突解决方案。同时,要考虑预期交通状态同实际运行的差异性,在关键冲突位置做好方案备份。

⑤ 管制预案是在对未出现交通动态预判的基础上进行的,实际管制指挥过程中应根据实际空中交通情况动态调整冲突调配方案。

**2. 管制预案的制定与实施**

如表 3-2 所列的飞行计划对管制预案的制定和管制实施中需要关注的事项进行了说明(模拟训练练习 303A)。

表 3-2　模拟飞行计划

| 呼　号 | 机　型 | 起飞机场 | 目的地机场 | 高度/m | 起始点/终止点 | 时　间 |
|--------|--------|----------|------------|--------|---------------|--------|
| AFR185 | A340 | LFPG | ZBCN | 4 200 | YV | 02 |
| CCA1207 | B733 | ZBCN | ZLLL | 4 200 | KM | 03 |
| CSN6136 | A319 | ZYTL | ZBCN | 4 200 | WS | 06 |
| CSZ9169 | B738 | ZBCN | ZGKL | 4 200 | VYK | 08 |

(1)掌握空域和航空器相关信息

熟悉航空器飞行路径以及进出空域位置和时间。飞行计划显示了两架进港航空器和两架离港航空器。进港航空器 AFR185 预计 02 分从 YV 进入,CSN6136 预计 06 分从 WS 进入;离港航空器 CCA1207 预计 03 分离地从 KM 移交,CSZ9169 预计 08 分离地从 VYK 移交,如图 3-18 所示。同时,应关注航空器性能,避免因运行过程中出现追击而导致航空器之间的间隔减小等问题。

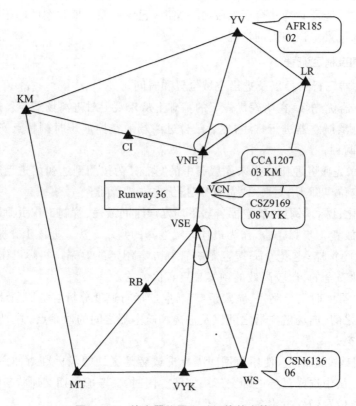

图 3-18   航空器位置和时间等基本情况

（2）宏观明确所有航空器的优先级

4架航空器的执行任务和性质没有差别，也无紧急情况，所以航空器着陆顺序应当按照先到达先着陆的原则予以安排（此处示例不再考虑优化算法）。由于使用跑道36运行，CSN6136到达初始进近定位点 VSE 时间为13分，AFR185 到达初始进近定位点时间为15分，所以CSN6136第一个落地。对于离港航空器按离港时间排序，CCA1207优先起飞。注意，先到达先服务只是一般原则，该顺序可以根据需要进行调整。

（3）确定飞行路径及过台时间

基于航空器预期飞行路径、航段距离、航空器运行速度分析航空器预计动态位置，计算过各导航台时间，如表3-3所列。

表 3-3   各航空器时间-位置表

| 导航台 | AFR185 | CCA1207 | CSN6136 | CSZ9169 |
|--------|--------|---------|---------|---------|
| WS     |        |         | 06      |         |
| VSE    |        |         | 13      |         |
| YV     | 02     |         |         |         |
| VNE    | 08     | 07      |         | 12      |

续表 3 – 3

| 导航台 | AFR185 | CCA1207 | CSN6136 | CSZ9169 |
|---|---|---|---|---|
| VNE(二次) | | | | 15 |
| VSE | 12 | | | 19 |
| VSE(二次) | 15 | | | |
| VCN | | 03 | | 08 |
| CI | | 11 | | |
| KM | | 16 | | |
| VYK | | | | 26 |

1) 明显的飞行冲突

**冲突 1**：AFR185 和 CCA1207 过 VNE 时间分别为 08 和 07,进离场航空器之间存在冲突,如表 3 – 3 所列。

CCA1207 要求 CI 上空到达 3 000 m(含)以上,CCA1207 07 分过 VNE,11 分共 CI,而 AFR 08 分过 VNE,12 分过 VSE。CCA1207 处于 VNE～CI 之间时,同 AFR185 呈交叉运行关系,只可能使用"VOR 50 km 横向间隔",CCA1207 11 分到 CI 时两架航空器距 VNE 的距离仍然不到 50 km,所以该间隔不可用。可以使 AFR185 高度保持在标准气压 3 600 m,为 CCA1207 上升提供空间,也可以使 CCA1207 上升一定高度后加入 VNE 等待程序,待 12 分 AFR185 到达 VSE 后,脱离等待继续上高度。第二种方法不建议使用,原因在于:①一边上空一般不等待;②可能影响后续起飞的 CSZ9169。

2) 潜在的飞行冲突

**冲突 2**：进港航空器 AFR185 和 CSN6136,如果未在 AFR185 过 VNE 之前建立高度差,则可能出现对头违规穿越高度,同时连续进近间隔不够。

预计 AFR185 过 VNE 时间 08 分,CSN6136 于 06 分从 WS 高度标准气压 4 200 m 进入,08 分最低可以下降到修正海压 3 000 m,则 AFR185 过 VNE 之前应保持标准气压 3 600 m 以上,并要求 CSN6136 尽快通过修正海压 3 000 m。同时,AFR185 应控制过台时间或者 VSE 加入等待以满足连续进近 4 min 间隔。

**冲突 3**：离港航空器 CCA1207 和 CSZ9169 梯次上升。

该两架航空器由于间隔较大,一般不会存在二次穿越问题。但是,在管制指挥过程中要形成良好的习惯,确保 CSZ9167 在 CCA1207 过 CI 之前在 CCA1207 之下的高度层上飞行。

**冲突 4**：进离场航空器 CSN6136 和 CCA1207 之间需要穿越彼此高度。

CCA1207 处于 VCN～VNE 之间,CCA1207 和 CSN6136 分别处以一边和五边,有安全间隔。CCA1207 过 VNE,前面间隔消失,两架航空器处于 VSE～VNE 之外,具有安全间隔。

**冲突 5**：进离场航空器 CSN6136 和 CSZ9169 之间需要穿越彼此高度。

CSZ9169 于 08 分离地,12 分到 VNE。12 分时 CSN6136 预计 1 min 后到 VSE,两架航空器分别处于一边和五边上。13 分后,CSZ9169 结束 VNE 背台状态。13 分之前,CSN6136 和 CSZ9169 之间可以完成穿越。

**冲突 6**：进离场航空器 CSZ9169 和 AFR185 之间需要穿越批次高度。

CSZ9169 起飞高度应低于 AFR185,待 CSZ9169 过 VNE 时,及时上高度完成同 AFR185

的高度穿越。此时预计两航空器分别处于 VSE 和 VNE 之外，有安全间隔可以完成高度穿越。备用方案，如两航空器过 VSE 和 VNE 的时间前后有差异，则建议 AFR185 在 CCA1207 于 11 分过 CI 后及时下高度，便于 CSZ9169 上高度穿越其高度层。

（4）冲突解决与方案生成

根据如上分析，最佳的冲突解决方案如下：

02 分：AFR185 下降到标准气压 3 600 m；

03 分：CCA1207 上升到修正海压 3 000 m；

06 分：CSN6136 下降到修正海压 600 m；

08 分：CSZ9169 上升到修正海压 2 400 m（CCA1207 以下）；

11 分：CCA1207 上升到标准气压 4 200 m；

12 分：AFR185 VNE 加入等待程序；

12 分：CSZ9169 上升到标准气压 4 200 m

13 分：CSN6136 开始进近；

16 分：CCA1207 移交；

17 分：AFR185 结束等待继续进近；

26 分：CSZ9169 移交。

同时，要考虑预期交通状态同实际运行的差异性，在关键冲突位置做好方案备份，如步骤（3）所述。

（5）管制预案的临时调整

离场航空器和机场航空器过走廊后，管制员再根据空中交通动态合理调整管制预案，尽可能地将空中动态转化为自己所熟悉的场景。

# 思考题

1. 简述设置进近管制空域的作用。
2. 简述进近管制单位空中交通服务的内容与工作职责。
3. 按照航空器紧急程度和遇险性质，简述紧急情况的三个阶段以及管制应当提供的告警服务。
4. 简述进近管制单位可能的席位设置及其主要工作。
5. 阐述进近过程的 5 个阶段及其作用。
6. 阐述等待程序的构成和进入方式。
7. 简述航空器进离场管制工作程序。
8. 阐述程序管制下常用的飞行冲突调配技巧及其特点，并举例说明。
9. 简述管制预案制定的主要步骤并举例说明。

# 第4章 区域管制服务

区域管制服务是指管制员利用空管设备,对航空器在航路(航线)上或飞行情报区内其他管制空域内的飞行,提供空中交通管制服务、飞行情报服务和告警服务。这种服务通常由区域管制中心(Area Control Center,ACC)来提供,在有些国家也被称作航路交通管制中心(Air Route Traffic Control Centers,ARTCC)。区域管制中心是为一个或几个管制区(高空、低空管制区)提供区域管制服务而设置的管制单位。区域管制中心的主要职责是负责所辖区域内的空中交通管制服务、飞行情报服务、告警服务和搜寻援救服务。根据我国空域划设和空管建设的总体规划,民航空管系统将完成建设北京、上海、广州、成都、西安、沈阳和乌鲁木齐7个区域管制中心。

区域管制服务在民航发展的早期被称为航路管制服务。在20世纪30年代随着空中交通航班量的增加,为了避免航空器因同时到达目的地机场而出现冲突,地面人员尝试建立和实施航空器的运行规则,并说服航空公司共同遵守运行规则。至此,空管先驱有别于以往只对航空器进行天气状况、机场和空中交通情况的通报,建立了空中交通管制中心,完善了航空器在航路上运行的间隔规则,确保航空器安全和有序地运行。在区域(航路)管制中心内,管制员通过无线电设备,为航空器提供间隔服务,如"航空器运行需要配备1 000 ft的垂直高度层"和"航路至少具有10 n mile宽度"的规定都是在这时提出的。

## 4.1 工作职责与服务范围

区域管制单位负责对管制区内受管制的飞行提供空中交通管制服务、飞行情报服务和告警服务。在非管制空域内,空管单位也会对运行的航空器提供飞行情报服务和告警服务。按照国际民航组织的相关规则,飞行情报区内的飞行情报服务和告警服务由该区飞行情报中心承担或由飞行情报中心委托管制单位负责。在我国,区域管制单位除了要在国际民航组织规定的服务范围内履行相关工作职责外,也会遵照我国有关规定行使其他职权。

### 4.1.1 工作职责

#### 1. 提供空中交通管制服务

区域管制单位负责向本管制区内受管制的航空器提供空中交通管制服务,并向有关单位通报飞行申请和动态。区域管制服务是为防止航空器相撞,维持并加速有秩序的空中交通流,向接受进近和机场管制服务以外的航空器提供的空中交通管制服务。

区域管制员在工作时,需要利用通信和导航设备,充分了解管制区域内的天气情况,掌握空域、航路(线)和有关机场的保障能力。有别于进近管制和机场管制,区域管制单位负责的管制区范围广大,需要管制员掌握相邻管制单位(如其他区域、终端区、进近、机场等)的运行限制,向军航、相邻管制单位等协议单位通报有关飞行预报和动态,负责飞行前和实时空中交通流量控制,负责与其他单位的协调工作。

　　区域管制员提供管制服务时,需根据民航管理部门和本单位的规章制度,制定管制预案;调配飞行冲突,配备安全间隔;协助航空器处置飞行中的特殊情况;负责本管制区的管制协调和移交工作。在航空器的调配过程中,区域管制员需要熟练运用各种间隔规定应对不同类型的飞行冲突,确保航空器能够安全和有序地运行,防止航空器之间以及航空器与障碍物之间发生相撞。

　　如果管制区内有通用航空任务,或在非民用机场起降而由民航保障的航空器,区域管制单位需要受理飞行申请,负责提供管制服务,并向有关单位通报飞行预报和动态。根据《通用航空空管运行规定》,中国民用航空局负责统一管理全国通用航空的空管工作,中国民用航空地区管理局负责监督管理本辖区通用航空的空中交通管理工作。管制范围内的通用航空飞行活动应当按照提供空中交通管制服务的民航管制单位的要求进行动态信息通报①。

**2. 提供飞行情报服务**

　　区域管制单位除了提供空中交通管制服务外,还应当向接受其空中交通管制服务的航空器提供飞行情报服务。飞行情报服务的任务是向飞行中的航空器提供有助于安全和有效地实施飞行的建议和情报。区域管制单位可以向其他未接受其空中交通管制服务的航空器提供飞行情报服务。当管制单位同时提供飞行情报服务和空中交通管制服务时,空中交通管制服务应优先于飞行情报服务提供。

　　区域管制员提供飞行情报服务时,应当提供飞行情报区或管制区内下列有关各项情报:
　　① 重要气象情报和航空气象情报;
　　② 关于火山爆发前活动、火山爆发和火山灰云的情报;
　　③ 关于向大气释放放射性物质和有毒化学品的情报;
　　④ 关于无线电导航设备可用性变化的情报;
　　⑤ 关于机场及有关设施变动的情报,包括机场活动区受雪、冰或者深度积水影响等情况的情报;
　　⑥ 关于无人自由气球的情报;
　　⑦ 其他任何可能影响安全的情报;
　　⑧ 起飞、到达和备降机场的天气预报和天气实况;
　　⑨ 对于水域上空的飞行,并经驾驶员要求,尽可能提供任何有用的情报,例如该区内水面船只的无线电呼号、位置、真航迹、速度等。

**3. 告警服务和搜寻救援服务**

(1) 告警服务

　　告警服务是指航空器如果处于搜寻或救援等紧急状态,管制单位要提供向有关组织发出需要搜寻援救航空器和协助该组织而提供的服务,紧急状态包括发动机故障、座舱失压、通信失效、非法干扰等。告警服务由民航管理部门指定的管制单位提供,并按照规定程序予以公

---

　　① 对于从区域管制范围内的通用机场、起降点起降的通用航空飞行活动,通用机场提供空中交通服务的部门、组织或从事通用航空飞行活动的单位、个人应当将航空器起降时间、位置、高度等信息通报所在区域管制区的民航管制单位;对于从区域管制范围外的通用机场、起降点起降的通用航空飞行活动,其运行范围部分进入管制范围内的,通用机场提供空中交通服务的部门、组织或从事通用航空飞行活动的单位、个人应当将航空器起降时间、预计进入及脱离管制范围的时间、位置、高度等信息通报相关民航管制单位。

布。对于接受空中交通服务的航空器,已申报飞行计划或者空管单位了解情况的其他航空器,或者已知或者相信受到非法干扰的航空器,区域管制单位要提供告警服务。

当发生紧急情况时,管制员应当将该航空器的飞行航迹等情况标画在地图上,以便确定航空器大致的位置。对处于紧急情况航空器附近的其他航空器的飞行也应标记出。根据航空器紧急程度、遇险性质,可以将紧急情况分为情况不明、告警、遇险三个阶段。

航空器处于不明或告警阶段后,应当尽可能先通知运营人,然后通知有关援救协调单位。当发生遇险情况时,管制单位应当立即按规定通知有关援救协调单位,同时应尽快通知航空器的运营人。需要指出的是,当管制单位已确定某航空器处于紧急情况时,应当尽早将紧急状况通知在该航空器附近飞行的其他航空器;当管制单位获悉或者确信航空器已受到非法干扰时,管制员不得在陆空通信中提及此状况。如果在机场管制地带或者进近管制区发生航空器遇险状况,也需要区域管制单位提供相关的告警服务工作。

(2)搜寻救援服务

搜寻救援服务是指通过使用公共和私人资源,包括相关航空器、船只和其他设施,履行遇险监测、通信、协调执行搜寻和救援任务,进行医疗援助。搜寻救援服务通常与告警服务密切相关,我国民航搜寻援救协调中心是由地区空中交通运行管理单位负责统一协调,在区域管制工作中通常是由区域管制单位负责实施搜寻援救工作。

根据规定,我国的搜寻救援(以下简称搜救)体系分为三级机构,分别为搜救管理部门、搜救协调部门和搜救单位(见图 4-1)。搜救管理部门包括民航局、各地区管理局、各省市监管局和各省(市、自治区)人民政府等。搜救协调部门包括民航局空管局运行管理中心(民航局搜救协调中心)、地区空管局运行管理中心(地区搜救协调中心)、空管分局(民航省级搜救协调部门)。搜救单位包括国家海上搜救力量,地方人民政府公安、消防、医疗救护及相关部门,解放军、武警部队,航空公司、航空俱乐部、飞行院校等航空器运营人。

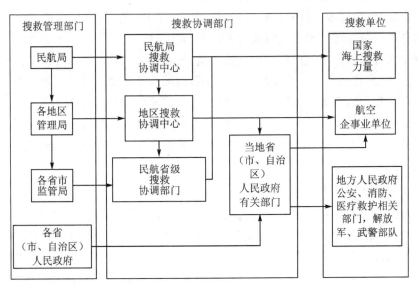

图 4-1　搜救体系组织机构图

为了及时有效地对在我国飞行情报区内遇险失事的航空器实施搜救,在我国境内及其附近海域上空划设搜救区。搜救区的范围与飞行情报区的范围相同,搜救工作的组织与实施按照《中华人民共和国搜寻援救民用航空器规定》执行。

我国按空域划分为 7 个搜救区,分别对应相应的飞行情报区,包括:华北搜救区(北京飞行情报区)、东北搜救区(沈阳飞行情报区)、华东搜救区(上海飞行情报区)、中南搜救区(武汉飞行情报区、广州飞行情报区和三亚飞行情报区)、西南搜救区(昆明飞行情报区)、西北搜救区(兰州飞行情报区)、新疆搜救区(乌鲁木齐飞行情报区)。中国境内陆地、空中和海上搜救的紧急通信频率为 121.5 MHz 和 243 MHz。

在实际工作中,区域管制单位将遇险航空器的所有紧急信息,发送至相关部门协助搜救工作。搜救协调部门应当配备能够满足工作需要的搜救协调员,协调员应当经过专业培训,熟悉本单位搜救协调预案,有能力评估相关资料和信息,能够胜任搜救协调工作,并具有适当的英语沟通能力。一般情况下,协调员由管制员担任。当收到关于航空器情况不明、紧急、遇险的情况报告或者信号时,管制员应当迅速判明航空器紧急程度、遇险性质,立即按照情况不明、告警、遇险三个阶段的程序提供服务。

## 4.1.2　服务范围

### 1. 管制区范围

区域管制区的范围是除终端(进近)管制区和机场塔台管制地带之外的空域,包含按照仪表飞行规则运行的所有航路和航线,以及仪表等待航线区域和空中放油区域等特殊飞行区域。区域管制区的划设,须与通信、导航、监视和气象等设施的建设和覆盖情况相适应,并考虑管制单位之间的协调需求,以便能够有效地向区域内所有飞行的航空器提供空中交通服务。区域管制区的水平和垂直范围在符合有关标准的前提下,应尽量减少对空管服务和航空器运行的限制。区域管制区的命名通常以该区域管制单位所在城市的名称加上高空或者中低空管制区作为识别标志,如北京区域、济南区域。区域管制区的名称、范围、责任单位、通信频率以及其他要求的信息应当按照航空情报发布规定予以公布。

区域管制区可以根据区域内的空中交通流量、管制员工作负荷、通信导航设备状况、航空器性能等因素,划设管制扇区。管制扇区应依照管制区的结构复杂性和运行复杂性进行划分,可以按照地理位置和高度划分为静态扇区,也可以按照不同时间空中交通繁忙程度划分为动态扇区。根据空中交通流量的大小,管制区按水平范围或垂直范围可以划设多个管制扇区,扇区之间无缝衔接。每个扇区的呼号都是相同的,如北京区域共划分 31 个扇区,呼号均为北京区域(Beijing control)。

### 2. 高空管制区和中低空管制区

高空管制区和中低空管制区统称为区域管制区。区域管制区的范围应当包含按照仪表飞行规则运行的所有航路和航线,以及仪表等待航线区域和空中放油区域等特殊飞行区域,但是终端(进近)管制区和机场塔台管制区除外。

高空管制区的下限通常要高于标准大气压高度 6 000 m(不含),或者根据空中交通管制服务情况确定,取值为某个飞行高度层。高空管制区的上限根据空中交通管制服务的情况确定,并取某个飞行高度层为其值。中低空管制区的下限通常在距离地面或者水面 200 m 以上,或者为终端(进近)管制区、机场塔台管制区的上限;如果中低空管制区的下限在平均海平面高度 900 m 以上,则管制区下限值取某个飞行高度层。中低空管制区的上限通常衔接高空管制区的下限;其上方未设高空管制区的,根据空中交通管制服务的情况确定其上限,并取某个飞行高度层为其值。

## 4.1.3　机构设置

### 1. 区域管制单位

在区域管制区范围内,提供空中交通服务的空管单位被称为区域管制单位。区域管制单位会根据提供的空中交通服务内容,设置不同的工作席位,席位设置会根据区域管制单位的职责,进行科学合理地规划。按照《中华人民共和国空中交通管理规则》,区域管制单位工作席位分为

① 程序管制席,使用程序管制方法对本管制区内的航空器提供空中交通服务;

② 雷达管制席,借助航路管制雷达对本管制区的航空器提供空中交通服务;

③ 主任席,负责区域管制单位现场运行工作的组织管理和监督,以及与其他单位的总体协调;

④ 飞行计划处理席,负责维护、处理飞行计划;

⑤ 通报协调席,负责协助管制席向有关单位通报飞行动态信息和计划,并进行必要的协调;

⑥ 军方协调席,负责本管制单位与飞行管制部门之间的协调;

⑦ 流量管理席,依据流量管理的原则和程序,对于所辖地区的飞行流量进行管理;

⑧ 搜救协调席,负责航空器搜救的协调工作。

不同的区域管制单位会根据需要,优化空管资源配置,合理设置工作席位。上述席位可以单独设置也可以合并设置,但需要指出的是,程序或者雷达管制席位的设置是根据管制区(管制扇区)的管制方式设定的。在工作中,不同的工作席位要相互协调配合,以团队协作的方式完成空管日常保障任务。

### 2. 区域管制中心

区域管制中心管理的空域范围更大,配备了更多的空管人员和空管设备。区域管制中心能够减少多方指挥及频繁管制移交所带来的不便,提升区域空中交通管制效率,优化航班时刻,整合空中资源,对空域进行统一管理,给区域航空安全管理提供一个现代化的工作平台。根据"十四五"民航空管系统发展规划,我国将在"十四五"期间推进民航管制区域适应性调整,减少中低空管制区数量,统筹推进区域管制中心建设,在全国建成北京、上海、广州等 8 个高空管制区。在航班量饱和、空域结构复杂、运行矛盾突出的地区增设第二区域管制中心,如计划在呼和浩特、厦门建设第二区域管制中心,为北京、上海区域管制中心提供备份,构建"相邻区域管制互为备份、区域与终端上下互备、高位运行区管同城备份"的空管应急备份体系。

北京区域管制中心是我国民航空管系统首个大区域管制中心,于 2004 年 12 月 19 日正式投入运行,建成时共有 32 个雷达管制席位、10 个管制扇区,截至 2021 年 4 月,经历多次扩容后共有 64 个雷达管制席位、31 个管制扇区。管制大厅席位布局按"一"字形席位岛方式排列,席位岛由 1 个总主任席位岛、8 个 ACC 席位岛组成。

北京区域管制中心安装的系统设备包括:空中交通管理自动化系统、语音交换和控制系

统、数据交换与自动转报系统、语音和数据记录系统、综合信息显示系统、光纤中继传输和程控交换系统等附属通信设备。空中交通管理自动化系统能够自动实现雷达数据处理、飞行计划处理、地空数据链路、自动相关系统、管制移交、气象数据显示和扇区划分等数据处理功能。

　　北京区域管制中心的管制范围如图 4－2 所示，相邻的区域管制单位有：呼和浩特区域、沈阳区域、大连区域、青岛区域、上海区域、广州区域和西安区域等；相邻的中低空区域管制单位有：济南中低空和郑州中低空；相邻的终端管制单位（塔台管制单位）有：北京终端、天津终端、呼和浩特塔台和石家庄塔台等。

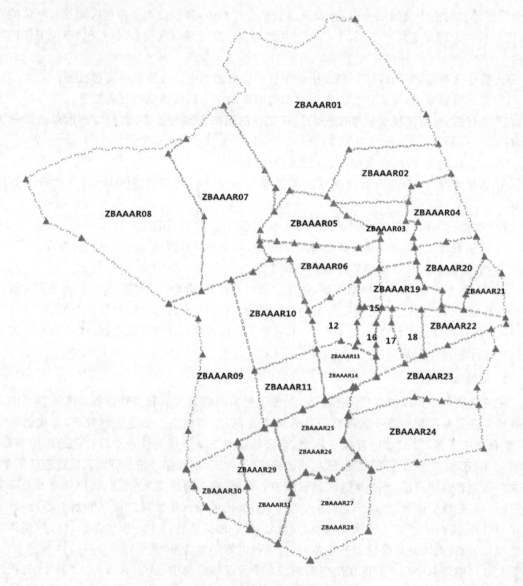

图 4－2　北京区域管制中心范围

# 4.2　管制服务的内容与工作程序

空管工作是一个非常严谨且具备一定标准化的工作。在规范服务内容和制定工作程序时,各空管单位或部门都会根据本单位的特点,制定合理的工作程序,提供全面的空管服务。通常,区域管制服务是由区域管制单位提供,管制员在经过系统培训后方能胜任区域管制服务工作。不同区域管制单位的工作需要紧密配合,虽然其工作程序会不尽相同,但会遵循基本的空中交通管制服务工作方法。本节将主要介绍基本的服务内容与工作程序,不涉及具体的空管单位。

## 4.2.1　区域管制服务的内容

### 1. ATC 放行许可

ATC 许可是指空管单位为防止航空器之间冲突,而授权航空器在管制空域内按照特定条件进行飞行。区域管制单位应当于航空器起飞前或者进入本管制区前 30 min,发出允许进入本管制区的航路放行许可或者按管制协议执行,并通过有关管制单位通知航空器驾驶员。准备执行航班任务的航空器,是由区域管制单位授权机场塔台管制单位发布 ATC 许可,也被称作 ATC 放行许可。收到放行许可的航空器方可推出开车,继续执行航班任务。

（1）放行许可的内容

ATC 放行许可应当明确以下内容:飞行计划中填写的航空器识别标志;空中交通管制许可的界限;飞行的航路或者航线;全部航路或者部分航段的飞行高度层;其他相关的指令或者信息,包括:应答机编码、进离场飞行的规定、通信要求和许可的失效时间。对于跨声速航空器的航路放行许可,还应有:跨声速加速阶段,许可延续到该阶段的终点;自超声速巡航到亚声速的减速阶段,许可其不间断的下降。

（2）放行许可的界限

区管单位对其他管制单位信息充分了解,能够获知周边管制区的运行限制,放行许可界限必须以指定的有关重要点或机场或管制空域的边界名称来说明。如果航空器在计划飞行中经过的管制单位已进行了事先协调,或有充分的理由保证在其承担管制之前尚有充裕时间进行协调,则放行许可的界限必须为目的地机场;如果不可行,则为某一适当的中途点,同时须加速协调,以便尽快发布至目的地机场的放行许可。

示例:

CTL:CCA1501,通播 B 有效,可以按计划航路放行至上海虹桥,使用跑道 36L,LADIX 32 号离场,起始上升高度修正海压 1 500 m,修正海压 1 002,航路上申请巡航高度层 9 800 m,应答机 3020,离地后联系进近 119.7。

CTL:CCA1501,Information B is valid, clear to SHANGHAI HONGQIAO via flight planned route, runway-in-use 36L, LADIX 32D departure, initial climb to 1500 meters on QNH 1002, request level change for 9800 meters en route, squawk 3020, contact approach on 119.7 when airborne.

（3）放行许可发布的方式

放行许可发布的方式一般有两种：语音放行许可和数字放行许可。语音放行许可指管制员和航空器驾驶员之间通过无线电陆空通话，完成放行许可的申请和发布工作。管制员在发布放行许可时需要按照无线电陆空通话规范，使用规范的方式发布许可，且放行许可需要航空器驾驶员复诵。航空器的机组接收后必须向管制员复述放行许可的主要内容，一般可以将放行许可全部复诵。

人工话音预放行服务中出现的机场话音通信道拥挤、话音歧义性以及管制"错、忘、漏"等问题，数字化放行许可基于管制员–驾驶员数据链通信（Controller Pilot Data Link Communications，CPDLC）来完成空中交通管制放行许可的申请与发布工作。除非另有规定，否则 CPDLC 电文不复求航空器驾驶员用话音予以复述。CPDLC 能够大幅减轻管制员、飞行员的工作负荷，减少管制中人为因素的影响及安全隐患，提高管制员的管制效率和安全性。

**2. 提供间隔服务**

区域管制的空域范围大，管制员在工作中需要统筹全局，在管制工作中需要注重空中交通安全，兼顾航空器的有序和快捷的流动。如果在一段时间内，空域内的航空器超过容量限制或有航空器出现紧急情况，则管制员可以指挥有关航空器加入等待程序，以调整交通流量并保证航空器之间的安全间隔。

（1）间隔标准类型

管制员采用的最低间隔标准有水平间隔和垂直间隔，其中水平间隔又可以分为纵向间隔和侧向间隔。在区域管制中常用的水平间隔标准有：

① 参考相同的或不同的地理位置判定航空器间存在间隔；

② 在交叉航迹或 ATS 航路上，使用 NDB、VOR 或全球卫星导航系统确定航空器与航路交叉点的距离来判断是否存在间隔。

在区域管制中常用的纵向水平间隔标准有：

① 以时间为基准的纵向间隔最低标准；

② 根据测距仪（DME）和/或 GNSS 得到的距离采用的纵向间隔最低标准；

③ 根据时间使用马赫数技术的纵向间隔最低标准；

④ 根据 RNAV 采用以距离为基准的马赫数技术的纵向间隔最低标准；

⑤ 在规定所需导航性能的情况下，使用以距离为基准的 RNAV 纵向间隔最低标准；

⑥ 使用 ADS–B 高度层更换程序（In-Trail Procedure，ITP）的最小纵向间隔距离；

⑦ 基于距离的 ADS–C 上升/下降程序最小纵向间隔；

⑧ 基于性能的纵向间隔最低标准。

当航空器在空中不具备水平间隔时，要保证最低垂直间隔。当航空器保持平飞和上升/下降时，航空器之间要保证具备水平间隔，或者垂直间隔，或者复合间隔。

（2）区域管制中的等待

等待是空中交通管制的一种调配方法，这里只讨论空中等待问题。管制员通过引导航空器进入等待程序，可以对航空器进行间隔调整，或者变更该航空器与相邻管制单位的移交时间。等待航空器可以在不同的定位点上空等待飞行，在程序管制中，管制员需要按照公布的标准等待程序指挥航空器在特定的定位点进行等待。这些标准等待航线空域和保护空域不得互相重叠,否则应当为在相邻等待航线上飞行等待的航空器之间配备垂直间隔。当航空器在高度 4 250 m(14 000 ft) 或以下飞行时,等待程序的出航边为 1 min;当航空器在高度 4 250 m (14 000 ft) 以上飞行时,等待程序的出航边为 1.5 min。

在实际工作中,如果等待程序尚未公布或者航空器驾驶员提出不掌握该程序,则管制员必须指明该等待程序的导航设施或等待定位点位置、等待高度、转弯方向、出航航迹、入航航迹、等待时间以及预计更新管制许可时间等要素。

(3) 提供间隔服务的方法

区域管制员在工作中需要根据主管部门批准的工作流程和间隔标准,通过无线电陆空通话设备,为管制区内的所有航空器配备高度层,指挥航空器上升或下降高度,控制航空器飞行速度[①],保证航空器安全有序地运行。

**3. 协调与移交**

区域管制单位应当随着飞行的进程将所需的飞行计划和管制情报,向相邻的管制单位传递,上述情报应当及时发出,以便相邻的管制单位有足够的时间收到并进行分析和互相协调。区域管制单位向进近管制单位或者塔台管制单位移交进场航空器的通信联络及管制业务的,应当在完成管制协调的基础上,在该航空器到达管制移交点之前进行,以便进近管制单位或者塔台管制单位有充分的时间对该航空器发出新的管制许可。

管制协调通过直通管制电话或者管制单位间的数据通信(ATC Interfacility Data Communication,AIDC) 进行,此外还可以通过无线电台、业务电话和电报等进行。对于已经接受管制移交的航空器,如果在预计进入管制区边界的时间后未能建立联系,则管制员应采取措施尽快与其取得联络。

(1) 协调的方式

根据《中国民用航空空中交通管理规则》,进行管制移交前,移交方和接受方应当进行协调,而且要按协调的条件进行移交。当各空中交通管制单位之间进行管制移交时,移交单位应当不晚于在航空器飞越管制移交点前 10 min 或者按照管制协议与接受单位进行管制协调。管制协调后,如果航空器的飞行高度改变或不能从原定的移交点移交,区域管制员应当及时重新进行管制协调工作。如果航空器飞越移交点的时间在区域管制单位之间相差超过 5 min,在区域管制单位与进近管制单位之间相差超过 3 min,区域管制员也要重新协调。

管制协调的内容包括:航空器呼号、航空器机型(可省略)、飞行高度;速度(根据需要)、管制移交点、预计飞越移交点的时间、管制业务必需的其他情报。

示例:区域管制员与相邻管制区协调通话用语。

CTL:北部区域,东方区域,预计 BAW 31 高度 9 800 m,马赫数 0.87,预计 MANSA 15 分。

CTL:North Control, Dong Fang Control, estimating BAW at 31, maintaining 9800 meters, Mach number 0.87, estimating MANSA at 15.

(2) 管制移交与通信移交

管制单位指挥将要飞离管制区的航空器联系相邻管制单位,将管制服务工作权限移交给下一个管制单位,这个过程称作管制移交。区域管制单位进行管制移交时,移交单位应当通知

---

① 程序管制中通常使用控制航空器过导航台或位置定位点时间等方法来实现控制航空器的速度。

接受单位航空器即将移交,管制移交点可以是管制区边界、协议中明确的移交点、双方同意的某一位置或者时间。在该点或者该时间,管制员对航空器提供空中交通管制服务的责任由一个管制单位或席位移交给下一个管制单位或席位,因此管制移交也被称作管制责任移交。区域管制单位采用程序管制方式,航空器的陆空通信联络应当在该航空器飞越管制区边界前 5 min 或者按有关管制单位之间的协议,由移交单位转至接受单位。

在管制移交过程中,接受单位应当自航空器飞越双方确认的管制移交点起承担该航空器的管制责任。已与尚未飞行到管制移交点的航空器建立通信联络的接受单位,在未事先征得移交单位的同意前,不得改变移交单位已给航空器的管制指令。如果区域管制单位之间另有协议,则接受单位应当通知移交单位,已与移交的航空器建立无线电通信联络并已承担对该航空器的管制。移交单位与航空器解除无线电通信联络,同时接受单位与航空器建立无线电通信,上述过程称作通信移交。

示例 1:

CTL:CCA1501,联系北部区域 120.7,再见。

CTL:CCA1501,contact North Control on 120.7,good day.

示例 2:

PLT:东方区域,CCA1501,保持高度 9 800 m,预计 EPGAM 06。

PLT:DongFang Control,CCA1501,maintaining 9800 meters,estimating EPGAM at 06.

CTL:CCA1501,东方区域,保持高度 9 800 m,过 EPGAM 报告。

CTL:CCA1501, DongFang Control, maintain 9800 meters, report over EPGAM.

语音电话、传真、电报等传统空管协调与移交方法已逐渐走入历史,现今的空管自动化系统具备电子协调与移交功能。国际民航组织也致力于发展先进的、满足运行需要的空管协调和移交方法,如 AIDC 是国际民航组织为亚太地区相邻飞行管制服务区间制定的数据通信和管制电子移交的标准协议。该协议使用报文实现数据传递,当前管制服务区通过报文将航班的呼号、二次应答机(雷达管制)、高度、速度等信息发送到下一管制服务区。

## 4.2.2　区域管制的工作程序

航空器在区域管制区内运行主要是按照固定的航路(线)飞行,管制员要按照飞行高度层配备标准为航空器配备高度层。区域管制具有空域范围广大、航空器速度快、保障的航空器架次多等特点,因此区域管制员需要具备扎实的理论知识、良好的管制技能以及一定的宏观统筹能力。管制员需要根据空管自动化信息、飞行进程单、无线电陆空通话和相关单位的协调信息,充分做到对航空器运行的状态感知,提前制定管制调配方案,准确无误地发送管制指令,协调通报重要信息。在提供管制服务过程中,管制员需要感知空中交通态势,分析判断航空器冲突,制定管制调配方案,实施管制指挥工作。

### 1. 感知空中交通态势

一名合格的区域管制员首先需要将管制区或管制扇区的航图映入脑中,提前掌握空管运行的各种限制条件,在飞行进程单的辅助下,时刻感知管制区内航空器的三维运行状态。管制员将每个航空器的高度层、飞行位置、飞行趋势等信息实时更新,同时还要做好对航空器接收进入和移交离开管制区的准备。管制员需要将大部分注意力集中到航路交叉点、航空器飞行的冲突点、管制区边界或者有特殊运行限制的航段。

### 2. 分析判断航空器冲突

区域管制员需要将所有信息汇总后,经过综合分析,判断出航空器之间的飞行冲突类型,这需要管制员在有限的时间内快速完成,为下一步制定管制调配方案做好准备。管制员根据航空器驾驶员的报告,要精确判断管制区内航空器出现冲突的位置、高度和类型,除可预见的冲突外,还会出现不可预见的冲突。例如,在巡航过程中的航空器驾驶员提出变更巡航高度以获得更加经济的飞行高度层,管制员需要根据驾驶员的申请,快速判断是否会出现潜在冲突。在此过程中,管制员要根据进程单辅助信息和大脑中的记忆信息做出快速判断,还可能应用到快速计算来分析航空器间冲突发生的位置和时间。

### 3. 制定管制调配方案

根据当前空中交通情况,以航空器安全和有序运行为目的,管制员需要制定合理且安全的冲突解决方案,并且兼顾空中交通的运行效率。在制定调配方案时,管制员要考虑区域管制的运行要求和特点、航空器性能、飞行员执行能力等因素,将方案按照优先等级划分次序,制定出主用方案和备用方案。针对运行中的特殊情况,管制员要做到可以随时调整运行方案。

管制调配方法可以分为固定调配方法和临时调配方法。根据空域结构与航班时刻,区域管制单位会采用相对固定的运行模式,相对固定的运行模式也会产生相对固定的航空器冲突类型,这样管制员可以采用固定调配方法提前确定冲突调配方案。飞行计划调整、军方活动、天气变化等因素会造成航班时刻变化或可用空域受限,为了确保航空器运行更加有序,就需要管制员灵活多变,依据冲突的差异临时调整管制方案。

### 4. 实施管制指挥工作

实施管制指挥工作是区域管制服务中至关重要的,前面的所有工作环节都是为了能够顺利实施管制指挥。管制员需要通过无线电陆空通话设施或地空数据链系统,将管制指令以标准陆空通话或数据链通信方式传输给航空器驾驶员。管制员需要根据冲突情况,按照"轻重缓急"合理安排优先次序,掌握好指令发送的时机,根据航空器驾驶员的执行情况,对方案的合理性进行实时评估,反馈更新管制方案,不间断指挥航空器运行。区域管制工作流程图如图 4-3 所示。

在管制指挥过程中,管制员应合理使用 PTT,掌控陆空通话的节奏,尽力避免因被航空器驾驶员插话而使管制指令的及时性受到影响;管制员应保持语速平稳,减小航空器驾驶员误听、漏听指令的可能性;在保证飞行员能够正确抄收和执行的情况下适当地合并指令内容,减少指令数量,提高通话效率。在大流量运行的情况下,管制单位还应积极评估工作负荷,必要时增开扇区,请求相邻管制扇区或单位协助,合理分配工作精力,保障航空器的安全运行,维持顺畅的空中交通流。

## 4.3　飞行冲突与调配方法

在区域管制服务中,区域管制员需要对航空器进行管制调配工作,可以采用多种调配方法。但是,考虑到航空器间的垂直间隔和水平间隔限制,管制员在进行管制指挥工作时,需要结合管制区(管制扇区)所有航空器的运行态势,使用最安全快捷的调配方案,解决空域中航空器的飞行冲突。本节将主要讨论区域管制中常用的冲突调配方法。

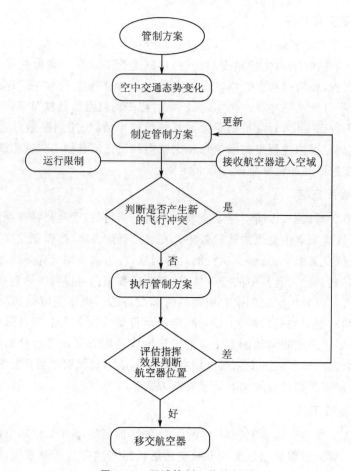

图 4 - 3　区域管制工作流程图

## 4.3.1　利用高度层建立垂直间隔

对航空器建立垂直间隔是空中交通管制最基本的调配方法。管制员可以给不同的航空器分配不同的高度层,在垂直方向上为航空器配备安全间隔,保障航空器在空域内安全运行,维持有序的空中交通流,如图 4 - 4 所示。

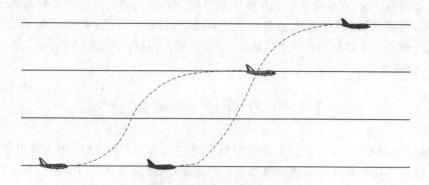

图 4 - 4　航空器建立垂直间隔

示例:

CTL: CCA1501, climb to and maintain 6300m.

CTL: CCA1501, 上升到 6 300 m 保持。

PIL1: Climbing to and maintain 6300m, CCA1501.

PIL1: 上升到 6 300 m 保持, CCA1501。

PIL1: DongFang Control, CCA1501, maintaining 6300m.

PIL1: 东方区域, CCA1501, 保持 6 300 m。

CTL: CSN2709, climb to and maintain 5700m.

CTL: CSN2709, 上升到 5 700 m 保持。

PIL2: Climbing to and maintain 5700m, CSN2709.

PIL2: 上升到 5 700 m 保持, CSN2709。

PIL1: DongFang Control, CSN2709, maintaining 5700m.

PIL1: 东方区域, CSN2709, 保持 5 700 m。

## 4.3.2　同航迹飞行航空器穿越其他航空器高度层

### 1. 纵向时间间隔使用方法

区域管制中,航空器会在不同高度层飞行,会根据管制调配,上升或者下降高度,这时就需要航空器之间保持足够的纵向安全间隔。在具备导航设施的航路上,前后航空器满足前后至少 10 min 的纵向间隔就可以执行高度穿越或者保持平飞,如图 4-5 所示。

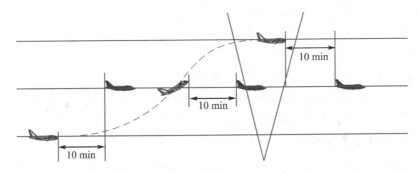

图 4-5　同航迹航空器纵向时间穿越间隔

示例:

CTL: CCA1501, report estimated time over EPGAM.

CTL: CCA1501, 报告预计 EPGAM 时间。

PIL1: DongFang Control, CCA1501, estimating EPGAM at 0906.

PIL1: 东方区域, CCA1501, 预计 EPGAM 0906。

CTL: CSN2709, report estimated time over EPGAM.

CTL: CSN2709, 报告预计 EPGAM 时间。

PIL2: DongFang Control, CSN2709, estimating EPGAM at 0918.

PIL2: 东方区域, CSN2709, 预计 EPGAM 0918。

CTL: CCA1501, descend to and maintain 6300m.

CTL：CCA1501，下降到 6 300 m 保持。

### 2. 纵向距离间隔使用方法

如果航路具备 DME 导航设施，那么管制员可以根据 DME 测量的距离，对航空器进行调配。航空器如果满足 20 km 以上的纵向穿越间隔，那么管制员可以据此指挥航空器执行高度穿越，如图 4 - 6 所示。

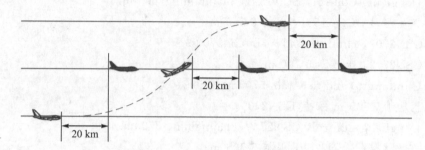

图 4 - 6　同航迹航空器使用 DME 测量纵向穿越间隔

示例：

CTL：CCA1501，report distance from VYK DME.

CTL：CCA1501，报告 VYK DME 距离。

PIL1：DongFang Control，CCA1501，20km from VYK DME.

PIL1：东方区域，CCA1501，距离 VYK DME 20km。

CTL：CSN2709，report distance from VYK DME.

CTL：CSN2709，报告 VYK DME 距离。

PIL2：DongFang Control，CSN2709，45km from VYK DME.

PIL1：东方区域，CSN2709，距离 VYK DME 20 km。

CTL：CCA1501，climb to and maintain 6300m.

CTL：CCA1501，上升到 6 300 m 保持。

### 3. 梯次上升/下降使用方法

多架航空器在空域中，需要依次上升/下降高度，管制员可以根据航空器所处高度依照顺序指挥航空器上升/下降。在上述过程中，管制员要多次核实航空器的高度，指挥其他航空器依次使用已离开的高度层，避免航空器穿越未释放的高度层。梯次上升方法如图 4 - 7 所示。

示例：

CTL：CCA1501，climb to and maintain 8900m，report passing 6000m.

CTL：CCA1501，上升到 8 900 m 保持，通过 6 000 m 报告。

PIL1：Climbing to and maintain 8900m，will report passing 6000m，CCA1501.

PIL1：上升到 8 900 m 保持，通过 6 000 m 报告，CCA1501。

PIL1：DongFang Control，CCA1501，passing 6000m，continue climbing to 8900m.

PIL1：东方区域，CCA1501，通过 6 000 m，继续上升到 8 900 m。

CTL：CCA1501.

CTL：CCA1501。

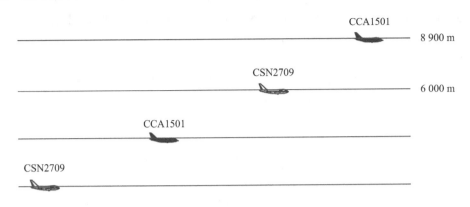

**图 4-7 梯次上升方法**

CTL：CSN2709，climb to and maintain 5700m.

CTL：CSN2709，上升到 5 700 m 保持。

PIL2：Climbing to and maintain 5700m，CSN2709.

PIL2：上升到 5 700 m 保持，CSN2709。

**4. 纵向 5 min 穿越间隔**

前后两架航空器飞越同一位置报告点，后一架航空器飞越位置报告点 10 min 内，其中改变高度的航空器开始穿越的时间应当与被穿越航空器之间有 5 min 的纵向间隔，如图 4-8 所示。

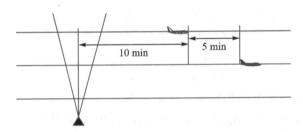

**图 4-8 纵向 5 min 穿越间隔**

## 4.3.3 交叉航迹飞行航空器建立横向间隔

当两架航空器使用同一全向信标台或无方向信标台飞行时，航空器之间的横向间隔应当符合下列条件：

① 使用全向信标台，航空器之间的航迹差大于 15°，其中一架航空器距离全向信标台 50 km(含)以上，如图 4-9 所示；

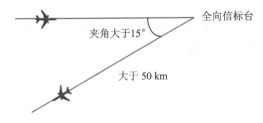

**图 4-9 航线差大于 15°时利用全向信标台建立横向间隔**

② 使用无方向信标台,航空器之间的航迹差不小于 30°,其中一架航空器距离无方向信标台 50 km(含)以上,如图 4-10 所示。

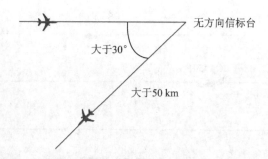

无方向信标台

大于30°

大于50 km

**图 4-10　航线差大于 30°利用无方向信标台建立横向间隔**

管制员可以利用以上两种间隔,保障两架航空器在未具备垂直间隔时建立水平间隔,也可以为航空器提供穿越间隔以便建立垂直间隔。

示例 1:

CTL:CCA1501,report distance from VYK DME.

CTL:CCA1501,报告 VYK DME 距离。

PIL:DongFang Control,CCA1501,55km from VYK DME.

东方区域,CCA1501,距离 VYK DME 55 km。

CTL:CCA1501,climb to and maintain 9500m.

CTL:CCA1501,上升到 9 500 m 保持。

示例 2:

CTL:CCA1501,report 50km from VYK DME.

CTL:CCA1501,距离 VYK DME 50 km 报告。

PIL:DongFang Control,CCA1501,50km from VYK DME.

PIL:东方区域,CCA1501,距离 VYK DME 50 km。

CTL:CCA1501,climb to and maintain 9500m.

CTL:CCA1501,上升到 9 500 m 保持。

# 4.4　马赫数技术

马赫数技术(Mach number technique) 是指为使同航线、同高度飞行的喷气式航空器保持纵向间隔,航空器按照指定马赫数飞行的一种空中交通管制技术。区域管制规定在 7 500 m 以上的高度层调整水平速度时,可以采用 0.01 马赫数的倍数表示。

在程序区域管制中,尤其是长距离管制区,如北大西洋和北太平洋管制区,管制员采用马赫数纵向间隔。北大西洋上空运行积累的经验证实了马赫数技术的可行性。相关航空器通常受类似的风和气温的影响,航空器速度的微小变化将造成航空器间隔临时增大或缩小,但随着飞行时间的积累,两航空器间隔终将保持基本恒定。

## 4.4.1 基于时间的马赫数最低纵向间隔标准

马赫数纵向间隔可以是以时间为单位的纵向间隔标准。管制员要根据航空器相对位置、追赶态势,对航空器配备合理的马赫数,保证空域内航空器在巡航高度层平飞或完成高度层穿越。

**1. 间隔标准**

采用马赫数技术为航空器配备纵向间隔时,沿同航迹平飞、上升或者下降飞行的喷气式航空器如果具有相同的马赫数速度,则纵向间隔应为 10 min。如果前行航空器较后随航空器快 0.02 马赫数,则为 9 min;如果前行航空器较后随航空器快 0.03 马赫数,则为 8 min;如果前行航空器较后随航空器快 0.04 马赫数,则为 7 min;如果前行航空器较后随航空器快 0.05 马赫数,则为 6 min;如果前行航空器较后随航空器快 0.06 马赫数或以上,则为 5 min。马赫数技术的应用(后随航空器速度更快时)如表 4-1 所列。

表 4-1 马赫数技术的应用(后随航空器速度更快时)

| 马赫数相差值 | 在进入点所需的飞行距离和间隔/min | | | | |
| --- | --- | --- | --- | --- | --- |
| | 001~600 n mile | 601~1 200 n mile | 1 201~1 800 n mile | 1 801~2 400 n mile | 2 401~3 000 n mile |
| 0.01 | 11 | 12 | 13 | 14 | 15 |
| 0.02 | 12 | 14 | 16 | 18 | 20 |
| 0.03 | 13 | 16 | 19 | 22 | 25 |
| 0.04 | 14 | 18 | 22 | 26 | 30 |
| 0.05 | 15 | 20 | 25 | 30 | 35 |
| 0.06 | 16 | 22 | 28 | 34 | 40 |
| 0.07 | 17 | 24 | 31 | 38 | 45 |
| 0.08 | 18 | 26 | 34 | 42 | 50 |
| 0.09 | 19 | 28 | 37 | 46 | 55 |
| 0.10 | 20 | 30 | 40 | 50 | 60 |

洋区管制中,管制员可以应用"经验法则"协助提供所需的预计间隔。如果后随航空器正在超越前行航空器,那么在使用马赫数的区域的进入点和退出点之间的距离每增加 600 n mile,两架相关的航空器之间的速度差每增加 0.01 马赫数,前后纵向间隔就增加 1 min 来补偿。

**2. 间隔使用方法**

使用马赫数时,应当以真马赫数为依据。当采用马赫数技术 10 min 的纵向间隔时,前行航空器必须保持等于或者大于后随航空器所保持的马赫数。在使用马赫数技术采用基于时间的纵向间隔标准的航路上,喷气式航空器应当按照管制员同意的马赫数飞行,如果需要改变马赫数,则应当得到管制员的同意。考虑到性能因素,航空器在航路上升或者下降中不能保持原有的马赫数,航空器驾驶员应当在请求上升或者下降时通知管制员。由于颠簸等原因必须立即对航空器的马赫数做暂时改变的,航空器驾驶员应当将所做改变尽快通知管制员。

### 4.4.2　基于距离的马赫数最低纵向间隔标准

在满足 PBN 运行条件的空域中,根据地区航行协定在指定空域内或指定航路上,区域管制单位根据相关规定使用以距离为标准的最低纵向间隔。管制员可以通过在航空器之间保持不小于规定距离的方法来建立纵向间隔,航空器的位置可以根据自动位置报告系统获取,如 ADS - C。

**1. 间隔标准**

在同向航迹上,航空器之间可以采用马赫数技术,根据 150 km(80 n mile) RNAV 距离而定的最低纵向间隔标准取代采用马赫数技术 10 min 的最低纵向间隔标准。当采用马赫数技术的 150 km(80 n mile) 最低纵向间隔时,前行航空器必须保持相当于或大于后随航空器所保持的真马赫数。

需要注意的是,在使用以距离为依据的马赫数纵向间隔时,要求航空器在同航迹,要求航空器驾驶员报告距共同位置点的距离,还要求管制员能够随时且频繁获得航空器的 RNAV 距离读数。在航空器上升或者下降时,管制员需要同时从相应的行情上获得距离的数值。

**2. 通信与导航要求**

采用以距离为基础的最低纵向间隔标准时,必须保持管制员与航空器驾驶员之间的直接通信。直接通信采用话音通信或 CPDLC。必须通过有关安全评估制定 CPDLC 必要的通信标准,以满足管制员和航空器驾驶员之间直接通信的要求。在采用距离最低纵向间隔标准前和整个过程中,管制员应在考虑收到两架或两架以上航空器回答的所需时间及与采用此标准相关的全部工作量和交通量的基础上,确定可用通信链的适宜性。如果导航设备故障或老化导致低于导航性能标准,则空管单位必须按照需要采用备用最低纵向间隔标准。

示例:

CTL:Maintain Mach point eight two or greater,do not exceed Mach point eight four.
CTL:保持马赫数点八二或更大,不要超过马赫数点八四。

## 4.5　缩小垂直间隔标准

缩小垂直间隔标准(Reduced Vertical Separation Minimum,RVSM),是在特定空域将航空器垂直间隔缩小的运行规范。根据国际民航组织的标准,在我国在飞行高度层 8 900 m(含)至 12 500 m(含)之间,航空器之间的最小垂直间隔为 300 m;在其他国家或地区在飞行高度层 FL290(8 850 m) 至 FL410(12 500 m) 之间,航空器之间的最小垂直间隔为 1 000 ft。

实施 RVSM 运行的优势十分显著:可以增加飞行高度层和空域容量,提高航空公司的运行效益;有利于管制员调配飞行冲突,减轻空中交通管制指挥的工作负荷,减少航空器的地面延误;对于接近最佳巡航高度的飞行,有利于航空器节能减排。

### 4.5.1　RVSM 的运行实施

航空器实施 RVSM 运行,需符合 RVSM 所要求的适航要求并获得民航管理部门许可,航空器运营人在获得管理部门 RVSM 运行批准,航空器驾驶员经过 RVSM 训练后,方可在

RVSM 空域内运行。我国已于 2007 年 11 月在全国实施了 RVSM。

RVSM 空域高度层示意图如图 4 - 11 所示。

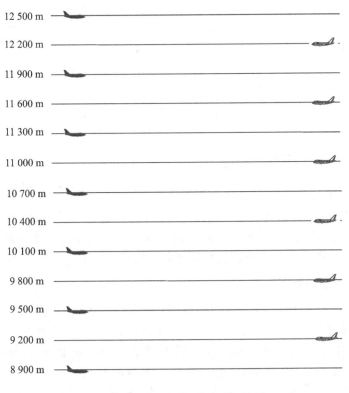

图 4 - 11　RVSM 空域高度层示意图

### 1. RVSM 间隔标准

降低最低间隔可以指降低最低水平间隔,包括基于所需导航性能(Required Navigation Performance,RNP) 的最低标准,使用 ATS 监视系统降低最低间隔,或尾流紊流最低间隔或降低着陆和/或离场航空器之间的最低间隔。

根据国际民航组织的标准,缩小垂直间隔标准是指在 FL290 至 FL410 高度层之间航空器的垂直间隔降低至 1 000 ft(300 m),航空器在 RVSM 空域运行时应具备 RSVM 资格。如果空域内有未获准 RVSM 运行的航空器,则管制员需要为其与其他航空器之间配备非 RVSM 间隔;如果航空器发生通信失效或其他特殊情况,则管制员需要为其与其他任何航空器配备非 RVSM 间隔。

### 2. RVSM 运行要求

RVSM 运行机载设备和地面导航设备能够满足相关要求,并取得适航认证;此外,航空器驾驶员经过培训合格且航空器运营人经过批准后,方可进行 RVSM 运行。未经批准进行 RVSM 运行的航空器在 RVSM 空域运行或者垂直穿越时,驾驶员必须报告未经批准的状况。管制员必须明确地证实收到的航空器报告是未得到 RVSM 批准状况的电文,并为航空器配备非 RVSM 间隔,例如,在 RVSM 空域内飞行的不符合 RVSM 运行的航空器与所有其他航空器之间的垂直间隔标准为 600 m(2 000 ft)。

在 RVSM 条件下,航空器机载设备必须满足运行 RVSM 的要求,例如需要两套独立的高度测量系统,其中,一套作为自动高度保持装置,须确保航空器采用英制飞行高度层飞行;另一套作为高度告警装置。在中国空域内,运行要求装备机载防撞系统 ACAS II(TCAS II systems Version 7.0)。如果航空器不再满足 RVSM 运行要求,则管制员必须保证航空器及 RVSM 空域的运行安全。

当航空器将首次从水平边界或者垂直边界进入 RVSM 空域时,管制员应当检查其是否符合 RVSM 运行要求,并对未获准 RVSM 运行的航空器采取相应的措施。管制员可以通过陆空通话向航空器驾驶员,也可以向上一管制单位或向航空器运营人证实航空器是否符合 RVSM 运行的要求。

## 4.5.2　RVSM 在中国的实施

在我国的建议下,国际民航组织航委会讨论并通过了我国提交的关于将中国米制 RVSM 高度层配备标准正式纳入成为国际民航公约《附件二》标准的提案,决定对国际民航公约《附件二》中原有的米制高度层配备标准进行修订,同意接受中国米制缩小垂直间隔(RVSM)高度层配备标准。这是中国民航运行标准首次被国际民航组织所采纳,成为国际民航标准。

### 1. RVSM 在中国的运行规范

自协调世界时 2007 年 11 月 21 日 1600UTC 时起,中国在沈阳、北京、上海、广州、昆明、武汉、兰州、乌鲁木齐情报区和三亚管制区 01 号扇区(岛内空域),高度层为 8 900 m(FL291)至 12 500 m(FL411)的空域内实施米制的缩小垂直间隔。在上述飞行情报区内 8 900 m(FL291)以上至 12 500 m(FL411)定义为缩小垂直间隔空域。中国 RVSM 空域为专用 RVSM 空域,即不符合 RVSM 运行的航空器不得在中国 RVSM 空域 8 900 m(FL291)至 12 500 m(FL411)(含)内飞行,但下列情况除外:

① 正在被起始交付给注册国或运营人的航空器;

② 以前取得了 RVSM 批准,但在经历设备失效之后,为了满足 RVSM 要求或取得批准,正在飞往维修设施所在地进行修理的航空器;

③ 正在用作慈善或人道主义目的的航空器;

④ 国家航空器(用作军事、海关和警用的航空器被认作为国家航空器)。

### 2. RVSM 在中国的飞行计划与电文

除有特殊情况外,在指定的 RVSM 空域内的飞行要求运营人和航空器取得 RVSM 批准。运营人必须确定有关国家空管部门已经给予他们 RVSM 运行准许,并且按照填报的飞行航线和计划的备份航线满足 RVSM 要求。在 ICAO 标准飞行计划的第 10 项(设备)中应当填入字母“W”,表示航空器和运营人都已取得 RVSM 批准。在中国 RVSM 空域内申请的米制飞行高度,飞行计划中应当用 S 后跟 4 位数字表示(例如:S1250、S1220、S1190 分别表示 12 500 m、12 200 m、11 900 m)。

# 4.6　程序管制在洋区中的应用

洋区管制(Oceanic Area Control,OAC)是一些国家对主权范围之外的国际洋区上空提供的一种 ATC 服务。这些空域主权不属于某个国家，其空中交通服务责任通常由国际民航组织委托给相关成员国，在此空域内运行的航空器需遵守洋区空域管理国家的相关规则与程序。洋区管制具有一定的特殊性，在实际运行中主要采用程序管制手段，其运行方式、设施设备、间隔运用等方面均与传统区域管制存在差异。

## 4.6.1　洋区运行

### 1. 洋区空域概况

国际民航组织将国际空域划分为若干飞行情报区，情报区内的部分空域是管制空域，被称作洋区管制区（见图 4-12）。在洋区运行中，由于受到地形和经济因素的影响，空管的监视范围较小，程序管制是主要的管制手段。在北太平洋、北大西洋和北极的空域中，航空器使用固定的航路飞行，但是会根据每天具体的运行条件，灵活选择航路，不同的区域选择使用不同的管制程序。

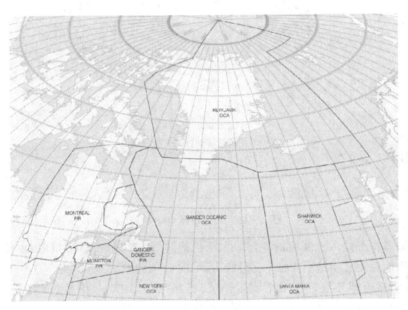

**图 4-12　北大西洋的海洋管制区**

以北大西洋空域为例，北大西洋空域包括北纬 20°和北极之间大西洋上空的国际空域，共有 7 个海洋管制区/飞行情报区。所有北大西洋空域的海洋管制区下限均为 FL055，且没有上限。高度层 FL055 及以上的空域是 A 类管制空域，高度层 FL055 以下是 G 类非管制空域。洋区空域虽然广阔，但也会在高峰期出现交通"拥挤"的状况，因此编组航路系统（Organized Track System，OTS）被应用于北大西洋空域。OTS 的使用并不是强制性的，约 50% 的航空器应用 OTS。航空器运营人也可以选择 OTS 航路或是随机航路（random route）。北大西洋空域的交通量一直在稳步增长，2012 年有 460 000 架次航空器使用 OTS 航路或随机航路穿越北大西洋。

东向和西向的 OTS 航路分配分别由香威克管制区（Shanwick oceanic）和甘德管制区（Gander oceanic）负责。每个航班会根据当天的天气状况，选择一条燃油效率最佳的航线，有时航班由于空中交通拥堵而选择次优的航线。OTS 航路仅在最低导航性能规范（Minimum

Navigation Performance Specifications,MNPS①) 空域内。在 OTS 航路运行的航空器必须符合 MNPS 要求并经过认证。在此空域上方或下方飞行的航空器必须申报随机航路。每天,香威克和甘德区域管制中心(Shanwick and Gander control centre) 在每个方向上都会发布一组 5~7 条的航线。通常向西航线使用字母 A~G,向东航线使用字母 U~Z。这些航线的入口由两个 RNAV 定位点组成,链接四到五个经纬度坐标点,航线的出口是两个 RNAV 定位点。航线的确定和公布要充分考虑当天的天气情况,特别是西风带对航空器的影响。

北大西洋 OTS 航路如图 4 - 13 所示。

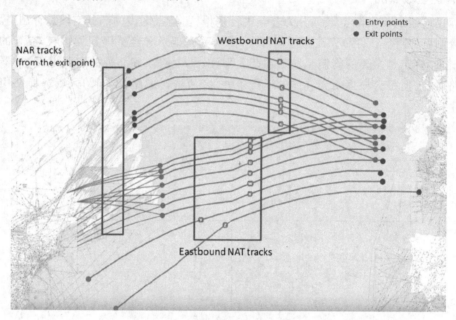

**图 4 - 13　北大西洋 OTS 航路**

随机航路基本上是人工制定的穿越北大西洋的路线,与 OTS 航路相似,也使用经纬度坐标航点。随机航路用于不适合 OTS 航路的飞行,例如从加拿大东部/美国飞往北欧或南欧的航班,这些航班很可能不会通过香农(EINN)、苏格兰(EGPX)、伦敦(EGTT) 或布列斯特(LFRR)等飞行情报区。

**2. 洋区运行特点**

(1) 管制区范围大

以安克雷奇航路管制中心(Air Route Traffic Control Center,ARTCC) 为例,它是 FAA 西北边缘地带的管制中心,所辖空域内有三个飞行情报区:安克雷奇内陆飞行情报区、安克雷奇洋区飞行情报区和安克雷奇北冰洋飞行情报区。

(2) 监视能力不足

在洋区管制区内,通信和监视能力相比各个国家本土空域有所不同,缺乏精确有效的监视手段。根据《芝加哥公约》,如果从海岸以外 12 n mile 到洋区管制区边界内能够实现导航信号

①　在某些地理区域(例如北大西洋、加拿大北部)为保持航迹,要求航空器携带特殊导航设备以提高定位的准确性。为应对设备可能出现的故障,相关规定要求航空器配置冗余设备(两个独立的远程导航系统)。

和监视的覆盖,那么在这部分国际空域内可以实施如同陆地上空的间隔标准。目前,全球大概只有 30% 的洋区空域实现了雷达覆盖。在北大西洋空域,航空器距离海岸超过 350 km 就脱离了监视范围,空管部门需要采用洋区管制程序。

（3）航路选择灵活

不同的航路系统被广泛应用在洋区空域中。在大西洋中有北大西洋编组航路系统、美国东海岸的西大西洋航路系统等,在太平洋中有北太平洋航路系统、北太平洋编组航路系统和连接美国西海岸与夏威夷的中太平洋航路系统等。它们之间会出现重叠的情况,比如 PACOTS（Pacific Organised Track System）航路系统经常会使用北大西洋（North Pacific,NOPAC）航路的一部分。

（4）新技术不断应用

随着通信和导航技术的发展,洋区程序间隔在不断缩小,而随着星基 ADS-B 监视技术的不断发展,对于航路系统的依赖会越来越小,自由飞行正是洋区的发展趋势。2019 年相较于 2015 年,50% 的北大西洋空域和 62% 的交通量不再需要 OTS 系统。

## 4.6.2　洋区运行间隔

为了提高洋区运行的效率,国际民航组织、洋区管制部门和航空公司不断寻求缩小运行间隔。随着洋区空域 ADS 覆盖率和导航定位精度的不断提高,PBCS（Performance Based Commumication and Surveillance）概念越来越被洋区管理者所接受,管制员也能更好地监视航空器动态,并在需要时及时干预。

### 1. 碰撞风险与 Reich 模型的应用

Reich 模型是 ICAO 批准用来对航空器之间的碰撞进行建模的著名模型。对于纵向间隔,ICAO 规定的概率上限——目标安全水平（Target Level of Safety,TLS）是 $5.0 \times 10^{-9}$。Reich 模型有以下的定义和假设：

① 在无限制的空域内有两个航空器,分别由长方体的碰撞模块来代表。碰撞模块的长、宽、高分别对应于航空器的机身长度、翼展和机身高度,以使航空器体积能被完全涵盖其中。

② 航空器在移动过程中始终保持运动方向,但移动是随机且独立的。一次碰撞被定义为两个航空器碰撞模块的任意部分发生了重叠。

③ 在发生碰撞时,航空器的运动是平滑的,使得相对速度在整个碰撞过程中是不变的。

Reich 模型示意图如图 4-14 所示。

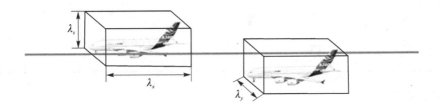

**图 4-14　Reich 模型示意图**

**2. 通信与监视性能改善对洋区间隔的影响**

航空器的碰撞风险与洋区的交通密度、航线的分布情况、导航能力与精度、监视手段等各种因素有关。新的技术手段如 ADS - B、CPDLC，还有更高的导航精度都有利于间隔标准的进一步缩小。在洋区的交通量不断增长的今天，安全和效率必须兼有考虑，利用建模的手段评估风险能够提高运行效率，增加空域流量，同时保证安全水平不变或略有增长，这对于程序管制在洋区的发展很有参考价值。

随着 RNP、星基 ADS - B、CPDLC、PBCS 等新技术与概念的发展，现有的航路系统也正受到挑战。如在北大西洋空域，随机航路可以减少油耗缩短飞行时间，未来将会替代编组航路系统。而随着间隔的缩小与高空急流预测能力的提高，未来将有机会在洋区采用自由飞行，便于飞行员选取最优航径、高度与马赫数，保持间隔的责任将由飞行员部分承担。

ICAO 基于性能的横向间隔标准如表 4 - 2 所列。ICAO 基于性能的纵向间隔标准如表 4 - 3 所列。

**表 4 - 2　ICAO 基于性能的横向间隔标准**

| 横向间隔/ n mile | 导航性能 | 通信性能 | 监视性能 |
|---|---|---|---|
| 50 | RNAV10、RNP4 或 RNP2 | — | — |
| 23 | RNP2 或 RNP4 | RCP240 | RSP180 |
| 15 | RNP2 或 GNSS | VHF 通信 | — |
| 20（穿越） | RNP2 或 GNSS | — | — |
| 7（穿越） | RNP2 或 GNSS | VHF 通信 | — |

**表 4 - 3　ICAO 基于性能的纵向间隔标准**

| 纵向间隔 | 导航性能 | 通信性能 | 监视性能 | ADS - C 最大周期 |
|---|---|---|---|---|
| 50 n mile | RNAV10 | — | — | 不要求 ADS - C 能力，每 24 min 之内报告位置一次 |
| | RNAV10 | RCP240 | RSP180 | 27 min |
| | RNP4 | RCP240 | RSP180 | 32 min |
| 30 n mile | RNP2 或 RNP4 | RCP240 | RSP180 | 12 min |
| 5 min | RNP2 或 RNP4 或 RNP10 | RCP240 | RSP180 | 14 min |
| 25 n mile（穿越） | RNP2 或 GNSS | 直接通信或 CPDLC | 后航空器速度小于前航空器 | |
| 15 n mile（穿越） | RNP2 或 GNSS | 直接通信 | 后航空器速度大于前航空器但不超过 10 kt（1 kt＝1.852 km/h）或 0.02 马赫数 | |

**3. 侧向偏置程序**

在洋区、未实施雷达管制区域内的航路上，允许具备侧向偏置能力且使用 GPS 导航的航空器实施侧向偏置程序，在航路中心线向右平行偏置 1 n mile 或者 2 n mile。驾驶员可以在不向空中交通管制报告的情况下实施策略横向偏置程序。

# 思考题

1. 简述区域管制单位的工作职责。
2. 区域管制单位如何提供搜救服务？
3. 简述 ATC 航路放行许可的内容和发布方式。
4. 简述区域管制的工作程序。
5. 简述马赫数技术使用方法和间隔标准。
6. 简述 RVSM 运行要求和优势。
7. 简述编组航路系统在北大西洋空域是如何运行的。

# 第5章 飞行进程单

飞行进程单是记录接受空中交通管制服务的航空器的信息和运行状态的记录条。其分为区域飞行进程单、进近飞行进程单和塔台飞行进程单,根据不同岗位的工作特点,进程单布局以及填写信息也有不同。航空器进入管制区前,管制单位应当准备好记录有该航空器信息的飞行进程单。在飞行过程中,管制员应当将该航空器的动态、管制许可和指令及有关内容及时、准确、清晰地记入相应的飞行进程单。

## 5.1 概 述

### 5.1.1 飞行进程单的作用

飞行进程单的作用在于帮助空中交通管制员:
① 掌握航空器的航行信息;
② 掌握航空器的运行状态;
③ 预测航空器之间的飞行冲突、调配空中活动;
④ 记录管制工作过程;
⑤ 存储管制指令,为分析管制工作提供实际数据;
⑥ 进行管制协调和移交。

### 5.1.2 飞行进程单的基本要求

① 应用钢笔、圆珠笔、碳素笔填写飞行进程单,字迹清晰。
② 填写飞行进程单时,当有关栏目不需要填写时,应空出。使用符号时,应按规定的符号填写。各项不应涂改,若需更改,在原内容中间画一横线,再在旁边空白地方填上正确的内容,以保持原始记录。
③ 所有时刻采用世界协调时,精确到分,用连续 4 位数字表示。前两位表示小时,后两位表示分,不足两位,前面以"0"填充,即 9 时 5 分记作"0905"。在填写位置报告点时刻时,第一个位置报告点应填小时和分钟,写全 4 位数字,其后的位置报告点可省略小时,但跨小时时,位置报告应填小时和分钟。时间填写完成后如需修正,只需在原时间后划斜线"/",后跟时间的后两位即可,如果时间修正跨小时,则在原时间后划斜线"/",后跟 4 位时间。
④ 在进近管制中,离场航空器使用蓝色进程单架,进场航空器使用黄色进程单架,飞越或特殊飞行的航空器使用红色进程单架。
⑤ 在区域管制中,向东飞行的航空器使用蓝色进程单架,向西飞行的航空器使用黄色进程单架,特殊飞行的航空器使用红色进程单架。
⑥ 速度采用马赫数时,单位为百分之一马赫,采用"M"后跟 3 位数字表示,即马赫数 0.82 记作"M082",马赫数 1.82 记作"M182"。

⑦ 高度数据以米为单位,用以标准海平面气压为基准的高度表示时,以 10 m 为单位,直接用 4 位数字表示,不足 4 位,前面以"0"填充,即 960 m 记作"0960";用以修正海平面气压为基准的高度表示时,以 10 m 为单位,以字母"A"打头,后接 3 位数字,不足 3 位,前面以"0"填充,即 900 m 记作"A090";以场面气压为基准的高度表示时,以 10 m 为单位,以字母"H"打头,后接 3 位数字,不足 3 位,前面以"0"填充,即 900 m 记作"H090"。

⑧ 飞行进程单应妥善保存,以备查验,保存期为 1 个月。

## 5.1.3　常用简略语及其含义

APCH:进近(approach);

ATO:实际飞越时间(actual time over);

B:可以 NDB 进近(cleared for NDB approach);

C:可以(cleared);

CDA:可以连续进近(cleared for CDA approach);

CE:在某时刻许可终止(clearance expires at…(time));

D:以提交空中交通管制放行许可(ATC clearance delivered);

E:东(east);

EAT:预计进近时刻(estimated approach time);

ETO:预计飞越时间(estimated over);

H:等待至……时刻(hold until…(time));

ILS:可以 ILS 进近(cleared for ILS approach);

L:左(left);

LA:低高度进近(low approach);

LC:高度层改变(level change);

LCI:着陆许可发布(landing clearance issued);

LCI:本场飞行(local flight);

LLZ:可以使用航向信标进近(cleared for localizer approach);

LT:左转(left turn);

M:马赫数(mach number);

MISS:复飞(missed approach);

N:北(north);

P:加入起落航线(join traffic circuit);

PL:加入左起落航线(join left traffic circuit);

PR:加入右起落航线(join right traffic circuit);

R:右(right);

RA:雷达进近(radar approach);

RCF:无线电失效(radio communication failure);

R/F:雷达失效(radar failure);

RL:报告飞离(report leaving);

RT:右转(right turn);

S：南（south）；

SA：可以直线进近（cleared for straight-in-approach）；

TG：着地后即起飞（touch and go）；

TNG：训练飞行（training flight）；

UFN：直到进一步通知（until further notice）；

U/S：不适用（unserviceable）；

V：可以 VOR 进近（cleared for VOR approach）；

VA：可以目视进近（cleared for visual approach）；

VIP：要客（very important person）；

W：西（west）；

WEF：自……起开始生效（with effect from…）；

WIE：立即生效（with immediate effect）；

WIP：正在施工（work in progress）；

WX：天气（weather）；

X：飞过（cross，or has crossed）；

XMTR：发射机（transmitter）；

XPDR：应答机（transponder）。

## 5.1.4　常用符号及其含义

↑：上升成起飞飞行；

↓：下降或着陆飞行；

（）：括号中为备降说明；

——：保持（划在保持高度下方），如 0950；

——：取消或更改（划在取预或更改的数字上），如 ~~0950~~；

○：已完成（如已完成通告，划在通告项目上）；

＋：增加；

－：减少；

—C→：延误时刻未定；

←D—：向右绕飞；

←D—：向左绕飞；

⊥：切入盲降；

⊥：高于；

⊤：低于；

）：左转；

（：右转；

（：左盘旋；

）：右盘旋；

△：在空域；

△：离开空域；

△：进入空域；

V：目视飞行规则；

SV：特殊目视飞行规则；

V：经过。

## 5.1.5　飞行进程单的结构

飞行进程单由以下 4 个区域构成(见图 5-1)：

① 标牌区：记录航空器呼号、机型、二次雷达编码等航空器特征方面的内容和信息的区域；

② 指令区：记录发布指令及执行情况的区域；

③ 航路区：记录飞行航路和位置报告点及相关内容的区域；

④ 协调区：记录日期、移交、扇区标识等协调及其他内容的区域。

图 5-1　飞行进程单的构成

# 5.2　进近飞行进程单

## 5.2.1　进程单格式

进近飞行进程单格式如图 5-2 所示，其中 1a～1e 列为标牌区，2a～2c 列为指令区，3a～3d 列为航路区，最后一列为协调区。

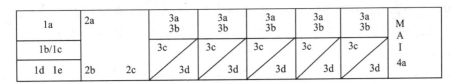

图 5-2　进近飞行进程单格式

## 5.2.2　数据项说明

### 1. 标牌区

标牌区记录与本次航班有关的基本信息，如呼号、机型、尾流等级、起飞机场和落地机场，分别如下所述：

① 1a 表示航空器呼号，不超过 8 个字符。航空器呼号应以黑体四号字体打印，如果人工

填写,也应用类似四号字体书写。示例:CSN6104。

②　1b 表示航空器机型,填写 2~4 个字符。示例:B738。

③　1c 表示尾流标志,填写一个字母(H、M、L 或 J)表示航空器的最大允许起飞质量。H:重型机;M:中型机;L:轻型机;J:A380-800。

④　1d 和 1e 分别表示起飞机场和目的地机场。按国际民航组织分配的四字地名代码填写。示例:天津为 ZBTJ。

**2. 指令区**

指令区记录管制指令详细内容,如发布上升高度、下降高度、进近许可等。2a 和 2b 表示高度变化。原则上,高高度表示在上面,低高度表示在下面,进场航空器进场高度标在左上方(2a 位置),离场航空器初始高度标在左下方(2b 位置)。航空器每改变一次高度,均应有相应标识,在原高度中间画一横线表示已离开此高度,在其右边用↓或↑表示下降或上升,同时记下目标高度。当航空器到达某一高度层暂时保持时,在该高度层下画一横线表示。当航空器达到协议高度或协调高度,在本管制区内高度不再发生变化时,在高度层右侧向上或向下箭头上画一横线。

示例:0450 表示在 4 500 m 高度保持;0360↑表示离开 3 600 m 高度上升;0450↓表示离开 4 500 m 高度下降;A120 表示在修正海压高度 1 200 m 保持;A120↑表示离开修正海压高度 1 200 m 上升;A120↓表示离开修正海压高度 1 200 m 下降;A060⊤表示到达移交高度 600 m。

2c 表示其他指令,填写记录任何需要的其他管制指令,如进场航空器进近许可指令或离场航空器起飞时间等。

**3. 航路区**

3a 表示位置报告点名称。位置报告点按照航空器飞越的先后次序从左到右填写。

3b 表示通过位置报告点计划时间。按照飞行计划计算出通过位置报告点时间或管制员预计通过位置报告点时间。

3c 表示航空器驾驶员报告的预计通过位置报告点时间。航空器驾驶员在位置报告时向管制员报告预计通过位置报告点时间。

3d 表示航空器驾驶员报告的实际通过位置报告点时间。如果航空器在等待,那么区域使用"/"分为两部分,左边部分填写航空器实际通过位置报告点时间,右边部分填写航空器等待结束时间,如图 5-3 所示。

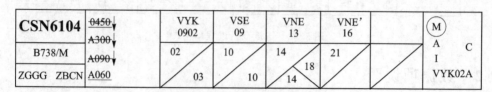

**图 5-3　等待时进程单填写**

**4. 协调区**

4a 表示进离场代号。示例"VYK01A"表示该航空器按照大王庄 01A 号进场。

M:如果航空器已收到本场 ATIS 信息或者管制员已向航空器驾驶员报告本场天气及进

场方式,则在进程单右上角的"M"上划"○"。

A:与军方协调。协调完毕后,在"A"上划"○",需要时,可在 A 右边写上协调的时刻。

I:雷达识别。如果航空器已识别,则在进程单"I"上划"○"。

C:离场或飞越航空器与相邻管制单位协调。协调完成后,在协调区填写"C"。

**5. 其他说明**

在航空器进入管制区前按规定时间打印或填写飞行进程单。

**6. 应用示例**

如图 5-4 所示,航空器呼号为南方 6104,波音 737-800,中型机,东方进近接收高度为 4 500 m,从广州飞往东方机场,沿着大王庄(VYK)、南头(VSE)、北头(VNE)做反向程序进近,飞行计划通过大王庄时间为 0902,管制员按照机型性能进行估算,预计飞越 VSE、VNE、二次 VNE 时间分别为 0909、0913 和 0916。管制员指示航空器进入管制区前保持 4 500 m 高度,进入后下降至修正海压高度 3 000 m,随后又继续下降至修正海压高度 900 m,最后下降至修正海压高度 600 m 并发出进近许可指令。航空器进入管制区前进行了位置报告,预计通过 VYK 时间为 0902,实际通过时间为 0903,预计通过 VSE 时间为 0910,实际通过时间 0910,预计通过 VNE 时间为 0914,实际通过时间为 0914,预计二次 VNE 时间为 0917,实际通过时间为 0917。在进场过程中,管制员与航空器驾驶员证实收到东方机场通播,按照规定与机场塔台进行了协调。待航空器建立航向道后并再次通过北头后,与航空器脱波,移交给塔台管制单位。

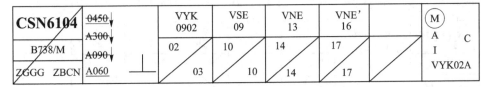

图 5-4 进近飞行进程单填写示例

# 5.3 区域飞行进程单

## 5.3.1 进程单格式

区域飞行进程单格式如图 5-5 所示,其中,1a～1e 列为标牌区,2a 和 2b 列为指令区,3a～3d 列为航路区,最后一列为协调区。

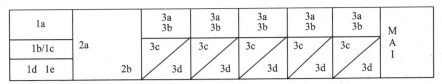

图 5-5 区域飞行进程单格式

## 5.3.2 数据项说明

### 1. 标牌区

标牌区记录与本次航班有关的基本信息,如呼号、机型、尾流等级、起飞机场和落地机场,分别如下所述：

① 1a 表示航空器呼号，不超过 8 个字符。航空器呼号应以黑体四号字体打印，如果人工填写，也应用类似四号字体书写。示例：CCA5175。

② 1b 表示航空器机型，填写 2~4 个字符。示例：C919。

③ 1c 表示尾流标志，填写一个字母（H、M、L 或 J）表示航空器的最大允许起飞质量。H：重型机；M：中型机；L：轻型机；J：A380 - 800。

④ 1d 和 1e 分别表示起飞机场和目的地机场。按国际民航组织分配的四字地名代码填写。示例：大兴为 ZBAD。

### 2. 指令区

指令区记录管制指令详细内容，如发布上升高度、下降高度等。2a 表示高度变化，原则上高高度表示在上面，低高度表示在下面。航空器每改变一次高度，均应有相应标识，在原高度中间画一横线表示已离开此高度，在其右边用 ↓ 或 ↑ 表示下降或上升，同时记下目标高度。当航空器到达某一高度层暂时保持时，在该高度层下画一横线表示。

接收高度显示在指令区中间部位，当上升高度时，指令高度填写在上方；当下降高度时，指令高度填写在下方；当上升高度后又发布下降高度指令时，在高度指令右侧填写下降的高度层数值，同时在其右侧标注向下箭头，表示下降高度。

示例：1010 表示在 10 100 m 保持；~~1040~~↑ 表示离开 10 400 m 上升；~~0950~~↓ 表示离开 9 500 m 下降。如图 5 - 6 所示，离开 10 100 m 上升至 10 700 m，之后离开 10 700 m 下降至 10 400 m。

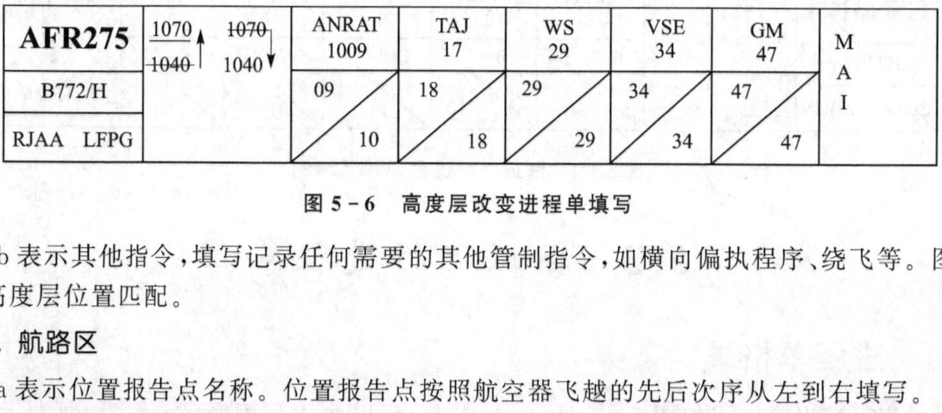

| AFR275 | 1070↑ 1070 1040 1040↓ | ANRAT 1009 | TAJ 17 | WS 29 | VSE 34 | GM 47 | M A I |
|---|---|---|---|---|---|---|---|
| B772/H | | 09 / 10 | 18 / 18 | 29 / 29 | 34 / 34 | 47 / 47 | |
| RJAA LFPG | | | | | | | |

图 5 - 6　高度层改变进程单填写

2b 表示其他指令，填写记录任何需要的其他管制指令，如横向偏执程序、绕飞等。图中箭头与高度层位置匹配。

### 3. 航路区

3a 表示位置报告点名称。位置报告点按照航空器飞越的先后次序从左到右填写。

3b 表示通过位置报告点计划时间。按照飞行计划计算出通过位置报告点时间或管制员预计通过位置报告点时间。

3c 表示航空器驾驶员报告的预计通过位置报告点时间。航空器驾驶员在位置报告时向管制员报告预计通过位置报告点时间。

3d 表示航空器驾驶员报告的实际通过位置报告点时间。航空器驾驶员在位置报告时向管制员报告实际通过位置报告点时间。如果航空器在等待，则该区域使用"/"分为两部分，左边部分填写航空器实际通过位置报告点时间，右边部分填写航空器等待结束时间，与进近飞行进程单要求相同。

### 4. 协调区

M：航空器已收到本场 ATIS 信息或者管制员已向航空器驾驶员报告本场天气及进场方式，则在进程单右上角的"M"上划"○"。

A：与军方协调。协调完毕后，在"A"上划"○"，需要时，可在 A 右边写上协调的时刻。

I：雷达识别。如果航空器已识别，则在进程单"I"上划"○"。

C：离场或飞越航空器与相邻管制单位协调。协调完成后，在协调区填写"C"。

**5．其他说明**

在航空器进入管制区前按规定时间打印或填写飞行进程单。

**6．应用示例**

如图 5 - 7 所示，航空器呼号为芬兰 058，波音 734 - 400，重型机，东方区域接收高度为 10 400 m，从上海浦东飞往芬兰赫尔辛基机场，沿着 EPGAM、泊头（BTO）、大王庄（VYK）、……、MANSA 移交给北部区域，飞行计划通过 EPGAM 时间为 1004，管制员按照机型性能进行估算，预计飞越 BTO、VYK、VSE、……的时间分别为 1011、1019、1024、……管制员指示航空器进入管制区前保持 10 400 m 高度，在 BTO 附近上升至 10 700 m。航空器进入管制区前进行了位置报告，预计通过 EPGAM 的时间为 1004，实际通过时间为 1004，预计通过 BTO 的时间为 1012，实际通过 BTO 的时间 1012……在飞越过程中，管制员按照规定与北部区域进行了协调。待航空器通过 MANSA 前与航空器脱波，移交给北部区域管制单位。

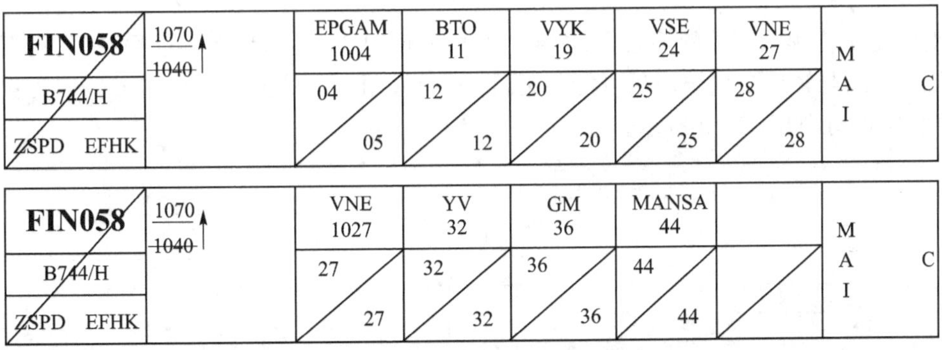

| FIN058 | 1070 / 1040 ↑ | EPGAM 1004 | BTO 11 | VYK 19 | VSE 24 | VNE 27 | M A I | C |
|---|---|---|---|---|---|---|---|---|
| B744/H | | 04 | 12 | 20 | 25 | 28 | | |
| ZSPD　EFHK | | 05 | 12 | 20 | 25 | 28 | | |

| FIN058 | 1070 / 1040 ↑ | VNE 1027 | YV 32 | GM 36 | MANSA 44 | | M A I | C |
|---|---|---|---|---|---|---|---|---|
| B744/H | | 27 | 32 | 36 | 44 | | | |
| ZSPD　EFHK | | 27 | 32 | 36 | 44 | | | |

图 5 - 7　区域飞行进程单示例

# 5.4　进程单的使用

## 5.4.1　进程单面板布局

**1．进近管制区**

根据进近管制空域结构、导航台或报告点位置按照横向和纵向进行排列，使得进程单面板上导航台（报告点）布局与管制空域结构尽可能相近，以便于管制员在工作中情景意识的建立。以东方进近为例，进行进程单面板布局，如图 5 - 8 所示。

**2．区域管制区**

根据区域管制空域结构、导航台或报告点位置按照横向和纵向进行排列，区域管制空域中导航台（报告点）较多，航路航线结构相对复杂，在对进程单面板进行布局时，省略非强制性报

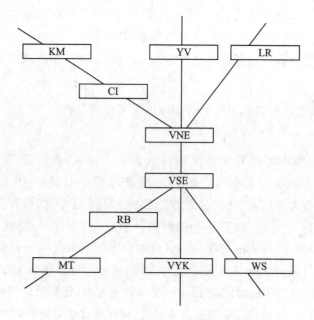

图 5-8　东方进近进程单面板布局

告点,对管制工作影响不大的导航台(报告点)根据情况进行设置,使得进程单面板上导航台(报告点)布局与管制空域结构尽可能相近,以便于管制工作的开展。以东方区域为例,进行进程单面板布局,如图 5-9 所示。

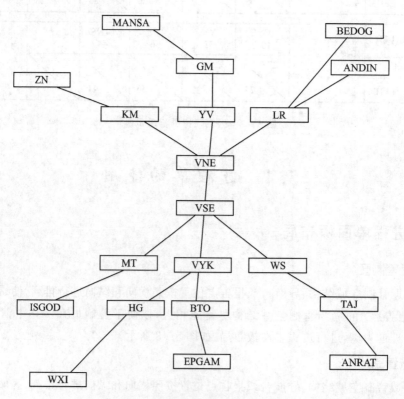

图 5-9　东方区域进程单面板布局

## 5.4.2 进程单摆放和移动

当航空器从北部进入时,在进入管辖区之前,进程单放在移交点外,进入管辖区后,进程单可以放在移交点内或计划飞越下一导航台上面(见图 5 - 10);当航空器从南部进入时,进入管辖区前,进程单放在移交点外,进入管辖区后,进程单可以放在移交点内或计划飞越下一导航台下面(见图 5 - 11)。随着航空器的运行,进程单需要及时移动,按照航空器前后顺序进行排列,以便管制员建立情景意识。当两航空器在同一航路/航线上逆向飞行且需穿越高度时,相遇前应将两航空器进程单特别摆放,突出矛盾,以示提醒,相遇过后,二者交换位置,以示冲突解决。

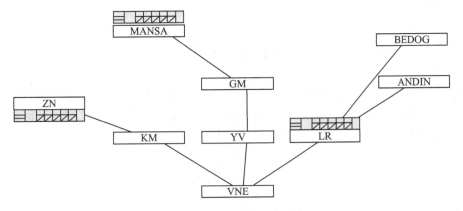

图 5 - 10 航空器从北部进入

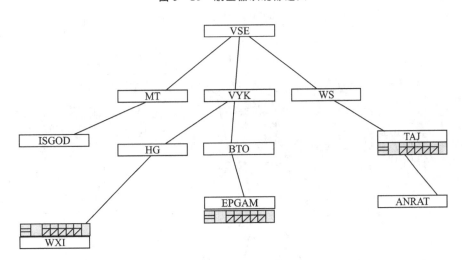

图 5 - 11 航空器从南部进入

# 思考题

1. 简述飞行进程单的作用。
2. 飞行进程单的协调栏中,字母 M、A、I、C 的含义分别代表什么?
3. 简述进程单架颜色的使用方法。

# 第6章 程序管制模拟训练

程序管制模拟训练以国际民航组织对空中交通管制培训的要求为依据,参考国际民航组织相关课程培训大纲,结合我国民航《民用航空空中交通管制和情报专业基础专业培训大纲》的要求而制定模拟训练内容,是交通运输专业重要的专业实践课程之一。本章主要分为4节,分别对管制模拟运行环境、进近管制、区域管制和通话用语进行介绍。

## 6.1 管制模拟运行环境概述

程序管制模拟训练所使用的模拟空域为东方管制空域,位于东方飞行情报区内,东方飞行情报区范围如图6-1所示。东方管制区内设置东方机场,管制运行单位有东方塔台、东方进近和东方区域管制单位。

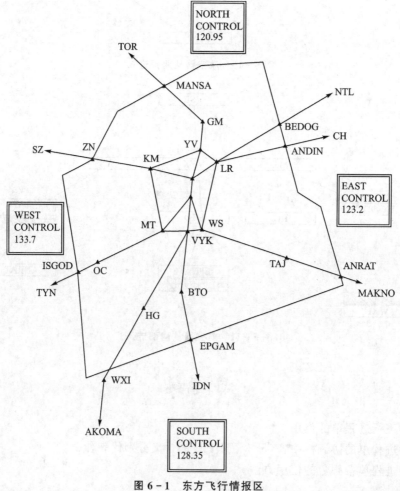

图6-1 东方飞行情报区

## 6.1.1　管制单位

东方空域内设有 3 个管制单位,分别为东方机场塔台、东方进近管制室和东方区域管制中心。管制单位中、英文呼号及频率如表 6 - 1 所列。

表 6 - 1　管制单位呼号及频率

| 管制单位 | 中文呼号 | 英文呼号 | 频率/MHz |
|---|---|---|---|
| 东方机场塔台 | 东方塔台 | Dongfang Tower | 118.1 |
| 东方进近管制室 | 东方进近 | Dongfang Approach | 119.1 |
| 东方区域管制中心 | 东方区域 | Dongfang Control | 120.1 |

## 6.1.2　离场程序

在东方飞行情报区内离场航空器应当遵守以下程序:

① 对于离场航空器,塔台管制员应当在修订的预计起飞时间(Revised Estimated Time of Departure,RETD)前至少 5 min 通过电话或内部网络通知相关的进近管制和区域管制单位。如果出现限制,区域管制单位应当通过电话告知进近管制单位,进近管制单位再通知相关塔台部门。

② 如果实际起飞时间(Actual Time of Departure,ATD)与 RETD 相差超过 3 min,塔台管制员应当通过电话与进近和区域管制员保持联络,关注此航空器的运行状况。

③ 塔台管制员指挥航空器沿规定的标准仪表离场程序(Standard Instrument Departure,SID)上升到修正海压高度 600 m 时不需与进近管制员或区域管制员协调。航空器在离地后,塔台管制员应指挥其联系进近管制员。

④ 进近管制员指挥航空器继续上升到协议高度时不需要与区域管制员协调。当移交高度与协议高度不一致或航空器在进近区域内延误超过 3 min(含)以上时,进近管制员应当与区域管制员进行协调。

⑤ 进近管制员应当在航空器过管制移交点 5 min 前通知区域管制员预计飞越时间(Estimated Time of Over,ETO)。通信移交及管制移交一般在航空器过管制移交点前完成。

⑥ 连续移交给区域管制同高度的航空器之间应保持 5 min(含)以上的间隔。

⑦ 区域管制员可以进一步指挥航空器上升至巡航高度。区域管制员应在航空器预计过管制移交点前 10 min 通知相邻区域管制员。

⑧ 与相邻区域的通信移交和管制移交应在航空器过管制移交点前进行。当移交高度与协议高度不一致或航空器在区域内延误超过 5 min(含)以上时,应当与相邻区域管制员进行协调。

## 6.1.3　进场程序

在东方飞行情报区内进场的航空器应遵守以下程序:

① 进场航空器应在过管制移交点之前首次联系东方区域管制员。航空器在过管制移交点前,如果未与移交管制员协调,则东方区域管制员不得向航空器驾驶员发布任何具体指令。

② 在航空器过管制移交点后,区域管制员可根据交通态势、天气以及移交给进近的需要

等情形指挥航空器下降高度。

③ 在航空器预计过管制移交点 10 min 前,相邻区域管制员应该通知东方区域管制员该航空器的 ETO。通信移交及管制移交应在航空器过管制移交点前进行。当移交高度与协议高度不一致或航空器在区域内延误超过 5 min(含)以上时,应当与东方区域管制员进行协调。

④ 在航空器预计过管制移交点 10 min 前,区域管制员应该通知东方进近管制员该航空器的 ETO。通信移交及管制移交应在航空器过管制移交点前进行。当移交高度与协议高度不一致或航空器在东方区域内延误超过 3 min(含)以上时,应当与东方进近管制员进行协调。

⑤ 连续移交给东方进近同高度的航空器之间应保持 10 min(含)以上的间隔。

⑥ 进近管制员可在航空器过移交点后进一步指挥其下降高度。如果需航空器在过移交点前下降高度,则进近管制员应与区域管制员进行协调。

⑦ 进近管制员应在航空器飞越中间进近定位点(VSE 或 VNE)3 min 之前通知东方塔台管制员航空器的进近类型以及预计过 VSE 台时间(36 号跑道)或预计过 VNE 导航台时间(18 号跑道)。如果航空器在 VSE 或 VNE 导航台上空进行等待进近,则进近管制员应将预计进近时间(Expected Approach Time,EAT)通知该航空器。

⑧ 航空器过 VSE 导航台(36 号跑道)或 VNE 导航台(18 号跑道)后应尽快进行通信移交和管制移交。如采用 ILS 进近方式,在建立航向道后应进行通信移交和管制移交。当航空器在东方进近内延误超过 2 min(含)以上时,应当与东方塔台管制员进行协调。

⑨ 如果航空器复飞,则由塔台管制员指挥其保持跑道航向上升至修正海压高度 600 m,然后立即移交给进近管制员。进近管制员将发布进一步指令。

## 6.1.4  飞越程序

在东方飞行情报区内飞越航空器应遵守以下程序:

① 在标准气压高度 6 000 m(含)以上飞越的航空器,由区域管制员提供管制服务且不需要与进近管制员进行协调;在标准气压高度 6 000 m(不含)以下飞越的航空器,区域管制员应该与进近管制员进行协调,并且由进近管制员决定是否接管该航空器的管制任务。

② 与相邻区域的通信移交和管制移交应不晚于航空器过管制移交点前进行。

## 6.1.5  机场环境

由于本课程主要针对进近和区域进行程序管制模拟训练,故仅介绍所需的机场信息。

① 东方机场(ZBCN)基准点坐标为 N40°00′00″/E116°00′00″。

② 东方机场为单跑道,36/18,其中 36 号跑道为主跑道,机场标高为 5 m。

③ 进近方式有 ILS 和 VOR 两种类型。

④ 东方机场过渡高度层为 3 600 m,过渡高度为 3 000 m。

## 6.1.6  特殊飞行程序

如果东方飞行情报区内有特殊飞行,则相关单位应协商确定相应的运行程序。

# 6.2　进近管制

　　东方进近管制区为 VYK - WS - LR - YV - KM - MT 围成的范围之内,标准气压高度 6 000 m(不含)以下(除去机场管制区)空域,如图 6 - 2 所示。在东方进近管制区内实施程序管制时,过渡高度为 3 000 m,过渡高度层为 3 600 m。

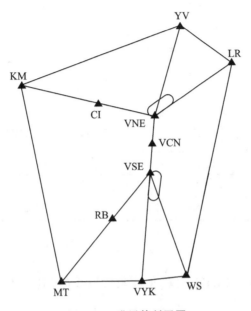

图 6 - 2　进近管制区图

## 6.2.1　导航台

　　东方进近管制区内导航台信息如表 6 - 2 所列。

表 6 - 2　导航台信息

| 识别标志 | 名　称 | 类　型 | 频　率 | 经纬度 |
|---|---|---|---|---|
| VYK | 大王庄 | VOR/DME | 112.7 MHz | N39°16′05″E116°31′21″ |
| WS | 西门 | NDB | 283 kHz | N39°18′02″E116°51′41″ |
| MT | 东门 | NDB | 421 kHz | N39°16′31″E115°54′58″ |
| LR | 古北口 | NDB | 215 kHz | N40°31′27″E117°12′50″ |
| KM | 怀来 | NDB | 360 kHz | N40°24′19″E115°36′11″ |
| YV | 汤河口 | NDB | 514 kHz | N40°44′23″E116°49′29″ |
| VCN | 东方 | VOR/DME | 113.5 MHz | N39°16′05″E116°31′21″ |
| VNE | 北头 | VOR/DME | 113.7 MHz | N40°13′25″E116°37′51″ |
| VSE | 南头 | VOR/DME | 113.2 MHz | N39°54′02″E116°35′39″ |
| CI | 悬崖 | NDB | 326 kHz | N40°18′16″E116°10′27″ |
| RB | 河堤 | NDB | 415 kHz | N39°37′24″E116°17′34″ |

## 6.2.2　导航台方向和距离信息

东方进近管制区内导航台方向和距离信息如表 6-3 所列。

表 6-3　导航台方向和距离信息

| 航　段 | 方　位 | 距离/km |
|---|---|---|
| WS - VSE | 341 | 70 |
| VSE - VCN | 005 | 18 |
| VYK - VSE | 005 | 70 |
| MT - RB | 040 | 50 |
| RB - VSE | 040 | 40 |
| KM - CI | 103 | 50 |
| CI - VNE | 103 | 40 |
| VNE - VCN | 185 | 18 |
| YV - VNE | 196 | 60 |
| LR - VNE | 236 | 60 |

## 6.2.3　最低高度

在进近管制区内,怀来(KM)至悬崖(CI)航段最低安全高度为 3 000 m,其余航段最低安全高度为 600 m。

## 6.2.4　标准仪表离场程序

### 1. 36 号跑道

东方机场 36 号跑道标准仪表离场程序如表 6-4 和图 6-3 所示,飞往 LR、YV 和 KM 的航空器在本场起飞离场后经过 VNE,然后直接离场;飞往 MT、VYK 和 WS 的航空器在本场起飞离场后经过 VNE 后,执行反向程序再次通过 VNE 飞往 VSE,然后离场。

表 6-4　36 号跑道标准仪表离场程序

| 名　称 | 位置点 1 | 位置点 2 | 位置点 3 | 位置点 4 | 位置点 5 |
|---|---|---|---|---|---|
| WS1D | 36 号跑道 | VNE | VSE | WS | |
| VYK1D | 36 号跑道 | VNE | VSE | VYK | |
| MT1D | 36 号跑道 | VNE | VSE | RB | MT |
| KM1D | 36 号跑道 | VNE | CI | KM | |
| YV1D | 36 号跑道 | VNE | YV | | |
| LR1D | 36 号跑道 | VNE | LR | | |

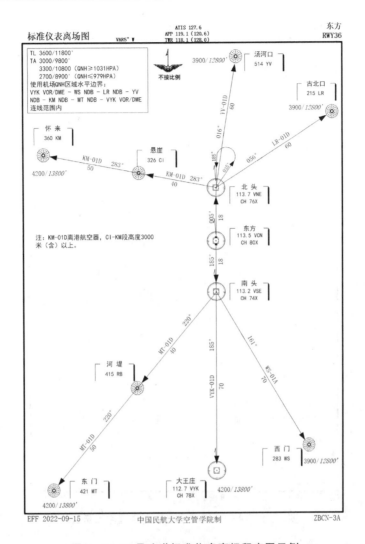

**图 6 - 3　36 号跑道标准仪表离场程序图示例**

### 2. 18 号跑道

东方机场 18 号跑道标准仪表离场程序如表 6 - 5 和图 6 - 4 所示，飞往 MT、VYK 和 WS 的航空器在本场起飞离场后经过 VSE，然后直接离场；飞往 LR、YV 和 KM 的航空器在本场起飞离场后经过 VSE 后，执行反向程序再次通过 VSE 飞往 VNE，然后离场。

**表 6 - 5　18 号跑道标准仪表离场程序**

| 名　称 | 位置点 1 | 位置点 2 | 位置点 3 | 位置点 4 | 位置点 5 |
|---|---|---|---|---|---|
| WS02D | 18 号跑道 | VSE | WS | | |
| VYK02D | 18 号跑道 | VSE | VYK | | |
| MT02D | 18 号跑道 | VSE | RB | MT | |
| KM02D | 18 号跑道 | VSE | VNE | CI | KM |
| YV02D | 18 号跑道 | VSE | VNE | YV | |
| LR02D | 18 号跑道 | VSE | VNE | LR | |

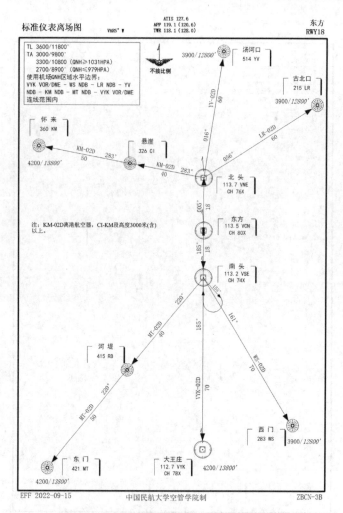

**图 6-4　18 号跑道标准仪表离场程序图示例**

## 6.2.5　标准仪表进场程序

### 1. 36 号跑道

东方机场 36 号跑道标准仪表进场程序如表 6-6 和图 6-5 所示,从 MT、VYK 和 WS 方向进场的航空器通过 VSE,按直线航线进近;从 LR、YV 和 KM 方向进场的航空器通过 VNE,飞往 VSE,按反向航线程序进近。

**表 6-6　36 号跑道标准仪表进场程序**

| 名　称 | 位置点 1 | 位置点 2 | 位置点 3 | 位置点 4 |
|---|---|---|---|---|
| WS1A | WS | VSE | | |
| VYK1A | VYK | VSE | | |
| MT1A | MT | RB | VSE | |
| KM1A | KM | CI | VNE | VSE |
| YV1A | YV | VNE | VSE | |
| LR1A | LR | VNE | VSE | |

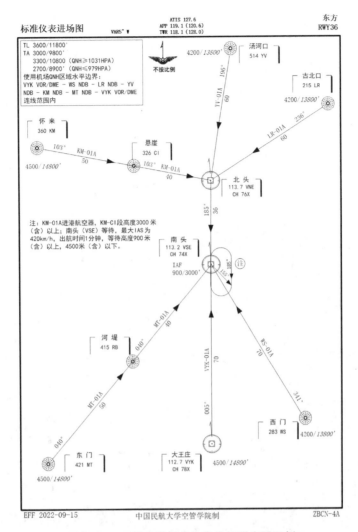

图 6 - 5　36 号跑道标准仪表进场程序图示例

**2. 18 号跑道**

东方机场 18 号跑道标准仪表进场程序如表 6 - 7 和图 6 - 6 所示,从 LR、YV 和 KM 方向进场的航空器通过 VNE,按直线航线进近;从 MT、VYK 和 WS 方向进场的航空器通过 VSE,飞往 VNE,按反向航线程序进近。

表 6 - 7　18 号跑道标准仪表进场程序

| 名　称 | 位置点 1 | 位置点 2 | 位置点 3 | 位置点 4 |
| --- | --- | --- | --- | --- |
| WS2A | WS | VSE | VNE | |
| VYK2A | VYK | VSE | VNE | |
| MT2A | MT | RB | VSE | VNE |
| KM2A | KM | CI | VNE | |
| YV2A | YV | VNE | | |
| LR2A | LR | VNE | | |

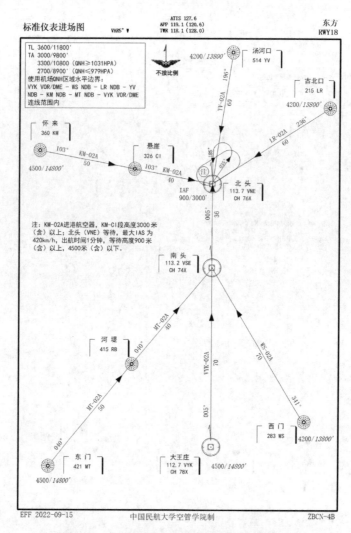

**图 6-6　18 号跑道标准仪表进场程序图示例**

## 6.2.6　等待程序

东方进近空域内,在南头(VSE)和北头(VNE)两个导航台处设有等待程序,出航时间均为 1 min,等待高度为 900~4 500 m,详细信息见表 6-8 和图 6-7。

表 6-8　等待程序

| 位　置 | VSE | VNE |
|---|---|---|
| 最大指示空速/(km·h$^{-1}$) | 420 | 420 |
| 入航航迹/(°) | 005 | 236 |
| 出航时间/min | 1 | 1 |
| 转弯 | 右 | 右 |
| 高度限制/m | 900~4 500 | 900~4 500 |

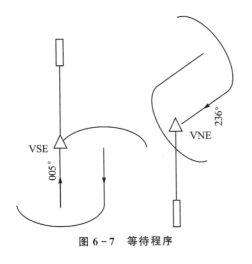

**图 6-7　等待程序**

从西门（WS）、大王庄（VYK）和东门（MT）方向进场的航空器可直接进入南头（VSE）等待程序，从北头（VNE）方向进场的航空器可偏置进入南头（VSE）等待程序。

从古北口（LR）和汤河口（YV）方向进场的航空器可直接进入北头（VNE）等待程序，从怀来（KM）方向进场的航空器可平行进入北头（VNE）等待程序，从南头（VSE）方向进场的航空器可偏置进入北头（VNE）等待程序。

通常情况下，在有进场排序、进近间隔、高度穿越等需时，可指挥航空器在等待点等待。除特殊情况外，通常不指挥离场航空器加入等待程序。

## 6.2.7　进近程序

### 1. 36 号跑道

从大王庄（VYK）、东门（MT）和西门（WS）方向进场的航空器可以直接进近；从怀来（KM）、汤河口（YV）和古北口（LR）方向进场的航空器可以执行基线转弯进近程序；在南头（VSE）加入等待程序的航空器，脱离等待程序后可以直接进近，如图 6-8 和图 6-9 所示。

### 2. 18 号跑道

从怀来（KM）、汤河口（YV）和古北口（LR）方向进场的航空器可以直接进近；从大王庄（VYK）、东门（MT）和西门（WS）方向进场的航空器可以执行基线转弯进近程序；在北

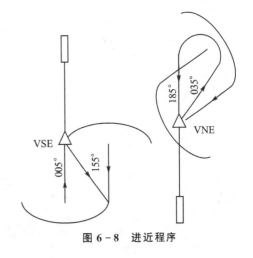

**图 6-8　进近程序**

头（VNE）加入等待程序的航空器，脱离等待程序后可以直接进近，如图 6-8 和图 6-10 所示。

### 3. 相关规定

起始进近高度为 600 m，除目视进近外，连续进近航空器间隔为 4 min。

## 6.2.8　移交高度

对于离场航空器，从东方进近向东方区域移交高度见表 6-9。除非事先与区域协调并征得同意，可不按此高度进行移交。

**仪表进近图**　　VAR5° W　　机场标高5/16.4'　　入口标高5/16.4'　　TWR118.1　　**东方**　　**ILS/DME RWY36**

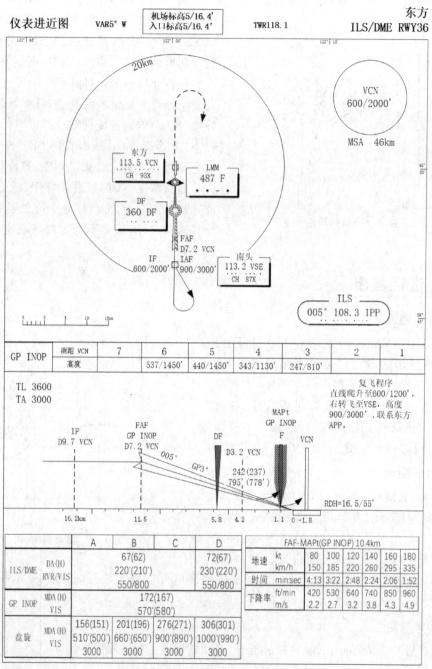

| GP INOP | 测距 VCN | 7 | 6 | 5 | 4 | 3 | 2 | 1 |
|---|---|---|---|---|---|---|---|---|
| | 高度 | | 537/1450' | 440/1450' | 343/1130' | 247/810' | | |

TL 3600
TA 3000

复飞程序
直线爬升至600/1200',
右转飞至VSE,高度
900/3000',联系东方
APP。

VCN 600/2000'　　MSA 46km

东方 113.5 VCN　CH 93X
LMM 487 F
DF 360 DF
FAF D7.2 VCN
IF 600/2000'　IAF 900/3000'
南头 113.2 VSE　CH 87X
ILS 005° 108.3 IPP

20km

IF D9.7 VCN
FAF GP INOP D7.2 VCN
005°
GP3°
DF D3.2 VCN 242(237) 795'(778')
MAPt GP INOP F
VCN
RDH=16.5/55'

16.2km　11.5　5.8　4.2　1.1　0 -1.8

|  |  | A | B | C | D |
|---|---|---|---|---|---|
| ILS/DME | DA(H) | | 67(62) | | 72(67) |
| | RVR/VIS | | 220'(210') | | 230'(220') |
| | | | 550/800 | | 550/800 |
| GP INOP | MDA(H) | | 172(167) | | |
| | VIS | | 570'(580') | | |
| 盘旋 | MDA(H) | 156(151) | 201(196) | 276(271) | 306(301) |
| | VIS | 510'(500') | 660'(650') | 900'(890') | 1000'(990') |
| | | 3000 | 3000 | 3000 | 3000 |

| | FAF-MAPt(GP INOP) 10.4km | | | | | | |
|---|---|---|---|---|---|---|---|
| 地速 | kt | 80 | 100 | 120 | 140 | 160 | 180 |
| | km/h | 150 | 185 | 220 | 260 | 295 | 335 |
| 时间 | min:sec | 4:13 | 3:22 | 2:48 | 2:24 | 2:06 | 1:52 |
| 下降率 | ft/min | 420 | 530 | 640 | 740 | 850 | 960 |
| | m/s | 2.2 | 2.7 | 3.2 | 3.8 | 4.3 | 4.9 |

EFF 2022-09-15　　　中国民航大学空管学院制　　　ZBCN-5A

**图 6-9　36 号跑道标准仪表进近图**

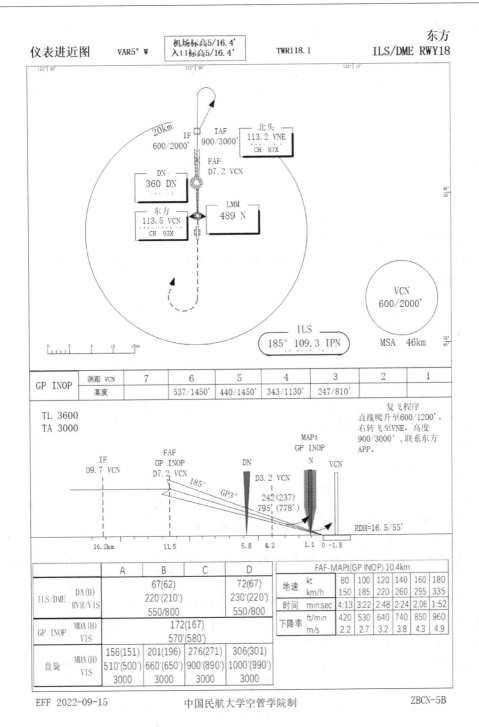

**图 6-10　18 号跑道标准仪表进近图**

**表 6-9　离场移交高度**

| 移交点 | WS | VYK | MT | KM | YV | LR |
|---|---|---|---|---|---|---|
| 高度/m | 3 900 | 4 200 | 4 200 | 4 200 | 3 900 | 3 900 |

对于进场航空器,从东方区域向东方进近移交高度见表 6 – 10。除非事先与区域协调并征得同意,可不按此高度进行移交。

表 6 – 10　进场移交高度

| 移交点 | WS | VYK | MT | KM | YV | LR |
|---|---|---|---|---|---|---|
| 高度/m | 4 200 | 4 500 | 4 500 | 4 500 | 4 200 | 4 200 |

### 6.2.9　间隔应用

当航空器在进近空域内运行时,由于空域范围及进离场交通状况原因,管制员通常为其配备垂直间隔;当运行状况和条件符合间隔标准时,应及时指挥航空器上升或下降高度,如果不能保持水平间隔,则仍需为其配备垂直间隔。

根据东方进近空域情况,在下列航段内如果不能按照间隔标准为航空器配备水平间隔,则应为其配备垂直间隔。航空器在航段之外具备横向间隔,如图 6 – 11 所示。

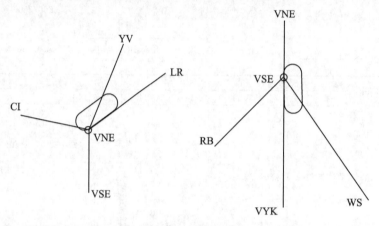

图 6 – 11　横向间隔

当一架航空器在北头(VNE)等待时,另一架航空器在古北口(LR)、汤河口(YV)、悬崖(CI)、南头(VSE)之外,按照本场规定,此时具备水平间隔;当一架航空器在南头(VSE)等待时,另一架航空器在西门(WS)、大王庄(VYK)、河堤(RB)、北头(VNE)之外,按照本场规定,此时具备水平间隔(见图 6 – 11);当一架航空器在北头(VNE)等待,另一架航空器在南头(VSE)等待时,在本场规定中视为存在水平间隔。

两架航空器在 4 500 m(含)以下逆向飞行时,均向管制员报告已目视相遇完成后,可穿越彼此高度层。

根据第 2 章飞行间隔的规定,所有适用的间隔标准均可在本区域内实施。

## 6.3　区域管制

东方区域管制区为 MANSA、BEDOG、ANDIN、ANRAT、EPGAM、WXI、ISGOD、ZN 围成的除进近管制范围和机场管制塔台以外的空域,如图 6 – 12 所示。

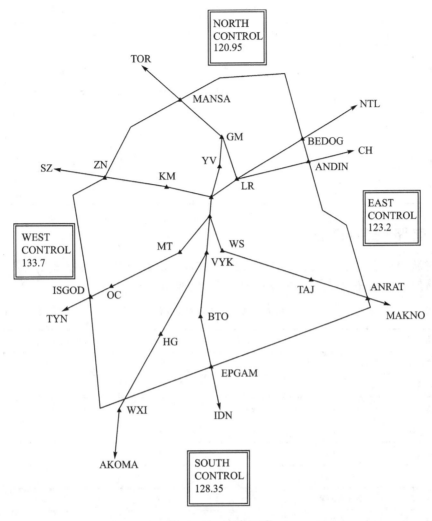

图 6 − 12　东方区域

# 6.3.1　导航台/定位点

东方区域内设有全向信标台、无方向信标台、测距仪及定位点,其信息如表 6 − 11 所列。

表 6 − 11　导航台/定位点信息

| 识别标志 | 名　称 | 类　型 | 频　率 | 经纬度 |
|---|---|---|---|---|
| GM | 丰宁 | NDB | 374 kHz | N41°14′07″E116°52′55″ |
| TAJ | 太极 | VOR/DME | 113.5 MHz | N38°47′31″E117°52′04″ |
| BTO | 泊头 | VOR/DME | 115.9 MHz | N38°10′20″E116°22′32″ |
| HG | 衡水 | NDB | 350 kHz | N37°50′29″E115°28′25″ |
| WXI | 魏县 | VOR/DME | 115.7 MHz | N36°29′35″E114°30′03″ |
| OC | 行唐 | NDB | 235 kHz | N38°41′43″E114°19′21″ |

| 识别标志 | 名　称 | 类　型 | 频　率 | 经纬度 |
|---|---|---|---|---|
| ZN | 天镇 | NDB | 264 kHz | N40°33′17″E114°12′37″ |
| EPGAM | EPGAM | 定位点 | | N37°15′72″E116°37′09″ |
| ANRAT | ANRAT | 定位点 | | N38°27′04″E120°12′20″ |
| ANDIN | ANDIN | 定位点 | | N40°48′48″E118°51′31″ |
| BEDOG | BEDOG | 定位点 | | N41°12′26″E118°42′39″ |
| MANSA | MANSA | 定位点 | | N41°51′33″E115°55′36″ |
| ISGOD | ISGOD | 定位点 | | N38°31′28″E113°51′19″ |

## 6.3.2　航路/航线信息

东方区域内包含 A461、B215、A596、J201、A575、G212、A326、A593 部分航路/航线,航段、航向、航段里程、最低安全高度等信息如表 6 – 12 所列。

表 6 – 12　航路/航线信息

| 航路代号 | 航　段 | 航向/(°) | 航段里程/km | 航路最低安全高度/m |
|---|---|---|---|---|
| A461 | VYK – HG – WXI | 210 | 179＋166 | 900 |
| B215 | MT – OC – ISGOD | 245 | 150＋44 | 2 500 |
| A596 | KM – ZN | 278 | 120 | 3 000 |
| J201 | YV – GM | 005 | 56 | 2 700 |
| A575 | GM – MANSA | 311 | 108 | 2 900 |
| A575 | GM – LR | 155 | 77 | 2 700 |
| A575 | LR – ANDIN | 077 | 144 | 2 800 |
| G212 | LR – BEDOG | 059 | 149 | 2 800 |
| A326 | WS – TAJ – ANRAT | 108 | 180＋120 | 1 200 |
| A593 | VYK – BTO | 186 | 120 | 900 |
| A593 | BTO – EPGAM | 168 | 100 | 900 |

## 6.3.3　相关管制单位信息

与东方区域相关的管制单位有东方进近、北部区域、东部区域、南部区域和西部区域,其相关信息如表 6 – 13 所列。

表 6 – 13　管制单位呼号及频率

| 管制单位 | 中文呼号 | 英文呼号 | 频率/MHz |
|---|---|---|---|
| 东方进近管制室 | 东方进近 | Dongfang Approach | 119.1 |
| 北部区域管制室 | 北部区域 | North Control | 120.95 |

| 管制单位 | 中文呼号 | 英文呼号 | 频率/MHz |
|---|---|---|---|
| 东部区域管制室 | 东部区域 | East Control | 123.2 |
| 南部区域管制室 | 南部区域 | South Control | 128.35 |
| 西部区域管制室 | 西部区域 | West Control | 133.7 |

## 6.3.4　东方区域边界及相关国家或城市

东方区域与相邻管制区域移交点有 MANSA、BEDOG、ANDIN、ANRAT、EPGAM、WXI、ISGOD 和 ZN,其中与北部区域移交点为 MANSA 和 BEDOG,与东部区域移交点为 ANDIN 和 ANRAT,与南部区域移交点为 EPGAM 和 WXI,与西部区域移交点为 ISGOD 和 ZN。东方区域内的航空器通过移交点与相关国家或城市的关系如下:

① 通过 EPGAM 往返的有济南、南京、上海、杭州、合肥、福州、厦门和汕头等。

② 通过 WXI 往返的有郑州、武汉、长沙、广州、桂林、海口和东南亚等。

③ 通过 ISGOD 往返的有太原、西安、成都、重庆、昆明和贵阳等。

④ 通过 ZN 往返的有呼和浩特、包头、兰州、西宁、乌鲁木齐、中亚和西亚等。

⑤ 通过 MANSA 往返的有欧洲各国。

⑥ 通过 BEDOG 往返的有长春、哈尔滨和北美等。

⑦ 通过 ANDIN 往返的有沈阳、朝阳、丹东和朝鲜等。

⑧ 通过 ANRAT 往返的有青岛、大连、韩国和日本等。

## 6.3.5　等待程序

在东方区域内有泊头、衡水、行唐、丰宁、太极 5 个等待点,其等待相关信息详见表 6 - 14 所列。

表 6 - 14　等待程序信息

| 位　置 | BTO | HG | OC | GM | TAJ |
|---|---|---|---|---|---|
| 最大表速/(km·h$^{-1}$) | 550 | 550 | 550 | 550 | 550 |
| 入航航迹/(°) | 348 | 030 | 065 | 131 | 288 |
| 出航时间/(′) | 1.5 | 1.5 | 1.5 | 1.5 | 1.5 |
| 方向 | 右等待 | 右等待 | 右等待 | 右等待 | 右等待 |
| 最高等待高度/m | 12 000 | 12 000 | 12 000 | 12 000 | 12 000 |

## 6.3.6　间隔标准

① 在东方区域内,除下列情况外,所有航路/航线间均有水平间隔:

(a) 在 G212(LR - BEDOG) 和 A575(LR - ANDIN) 航段上,航空器在 BEDOG 和 ANDIN 之外存在水平间隔。

(b) 在 A593(BTO - VYK) 和 A461(HG - VYK) 航段上,航空器在距 VYK50 km 外或

5 min(含)以上的存在水平间隔。

②　连续移交给其他区域的航空器之间应符合程序管制间隔标准。

## 6.3.7　其他规定

在东方区域内运行时,如果出现航路方向改变,需要进行高度层转换,则要求航空器过转换点前后 2 min 以内进行。比如从欧洲方向飞往上海方向的航路,在通过丰宁(GM)前后 2 min 内应该由向东高度层改为向西高度层,在通过泊头(BTO)前后 2 min 内,由向西高度层再次改为向东高度层。在连接天镇(ZN)与 ANRAT 航路上,仅有北头(VNE)和南头(VSE)航段与其他航段方向相反。鉴于航段距离较小,在通过此航段前后,高度层无需根据方向的改变而改变。

## 6.3.8　管制协议

在东方区域与相邻区域管制单位的特殊移交、接收高度如下:

①　通过东方区域去往大连(ZYTL)的航空器,通过 ANRAT 的移交高度为 7 500 m,从大连起飞的航空器通过 ANRAT 进入东方区域的接收高度为 7 800 m;

②　通过东方区域飞往呼和浩特的航空器,通过天镇(ZN)的移交高度为 6 000 m,从呼和浩特起飞的航空器通过天镇(ZN)进入东方区域的接收高度为 5 700 m;

③　通过东方区域飞往包头的航空器,通过天镇(ZN)的移交高度为 7 200 m,从包头起飞的航空器通过天镇(ZN)进入东方区域的接收高度为 7 500 m;

④　通过东方区域飞往太原的航空器,通过 ISGOD 的移交高度为 4 200 m,从太原起飞的航空器通过 ISGOD 进入东方区域的接收高度为 4 500 m;

⑤　通过东方区域飞往济南的航空器,通过 EPGAM 的移交高度为 7 500 m,从济南起飞的航空器通过 EPGAM 进入东方区域的接收高度为 7 200 m;

⑥　从东方机场起飞离场的航空器,通过天镇(ZN)的移交高度为 8 400 m,飞往东方机场的航空器,通过天镇(ZN)的接收高度为 8 900 m。

除上述特殊移交、接收协议高度外,东方区域与其他相邻区域管制单位之间协调移交高度,根据航空器的性能、目的地机场、起飞机场和航班类型等因素,按照高度层配备标准配备适合高度。

# 6.4　通话练习

无线电通话是当今管制员与航空器驾驶员信息沟通的主要方式,而无线电通话的正确和标准与否直接关系到飞行安全。本节根据民用航空空中交通无线电通话用语(英语和汉语)的规范表述方法,对程序管制环境下进离场通话用语进行梳理,并涵盖常用的管制调配方法和技巧。

## 6.4.1　通话基本要求

为了更好地模拟管制环境,在设备开发时将通信设置为半双工模式,使用脚踏或手持话筒进行通话,踩下脚踏踏板或按下话筒按钮为发送模式,松开脚踏踏板或话筒按钮为接收模式。

此外,在与航空器驾驶员通话时,还应遵循以下原则:
　　① 先想后说,应在发话之前想好说话内容;
　　② 先听后说,应避免干扰他人通话;
　　③ 应熟练掌握脚踏或话筒使用技巧;
　　④ 发话速度应保持适中,在发送需记录的信息时应降低速率;
　　⑤ 通话时每个单词发音应清楚、明白并保持通话音量平稳,使用正常语速;
　　⑥ 在通话中的数字前应稍作停顿,重复数字应以较慢的语速发出,以便理解;
　　⑦ 应避免使用"啊、哦"等犹豫不决的词;
　　⑧ 为保证通话内容的完整性,应在开始通话前按下发送开关,待发话完毕再将其松开。

## 6.4.2　通话场景举例

### 1. 进港流程

　　当前时间为 UTC 09:00,CCA101 在从上海虹桥机场飞往东方机场途中,高度为 9 800 m,预计通过 EPGAM 时间为 09:02,计划与东方区域进行首次联系,飞行计划航路见图 6 - 13。所使用的通话用语见表 6 - 15。

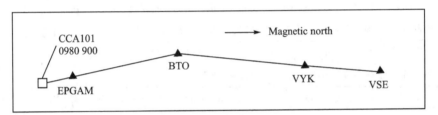

**图 6 - 13　进港流程**

**表 6 - 15　进港通用用语**

| 序　号 | 通话单位 | 通话内容 |
|---|---|---|
| 1 | pilot | Dongfang Control, CCA101, maintaining 9800 meters, estimating EPGAM at 09:02. |
| | 飞行员 | 东方区域,国际幺洞幺,保持九千八,预计 EPGAM 洞九洞两 |
| | controller | CCA101,Dongfang Control, report passing EPGAM. |
| | 管制员 | 国际幺洞幺,东方区域,过 EPGAM 报告 |
| | pilot | Wilco, CCA101. |
| | 飞行员 | 照办,国际幺洞幺 |
| 2 | pilot | CCA101, over EPGAM 02, maintaining 9800 meters, estimating BTO at 09. |
| | 飞行员 | 国际幺洞幺,过 EPGAM 洞两,保持九千八,预计泊头洞九 |
| | controller | CCA101. |
| | 管制员 | 国际幺洞幺 |

| 序 号 | 通话单位 | 通话内容 |
|---|---|---|
| 3 | controller | CCA101，descend to 4500 meters. |
| | 管制员 | 国际幺洞幺，下降到四千五 |
| | pilot | Leaving 9800 meters descending to 4500 meters，CCA101. |
| | 飞行员 | 国际幺洞幺，离开九千八下降到四千五 |
| 4 | pilot | CCA101，over BTO 09，passing 8100 meters descending to 4500 meters，estimating VYK 18. |
| | 飞行员 | 国际幺洞幺，过泊头洞九，通过八千一下降到四千五，预计大王庄幺八 |
| | controller | CCA101，report reaching 4500 meters. |
| | 管制员 | 国际幺洞幺，到达四千五报告 |
| | pilot | Wilco，CCA101. |
| | 飞行员 | 照办，国际幺洞幺 |
| 5 | pilot | CCA101，reaching 4500 meters. |
| | 飞行员 | 国际幺洞幺，到达四千五 |
| | controller | CCA101，maintain 4500 meters，contact Dongfang Approach on 119.1，good day. |
| | 管制员 | 国际幺洞幺，保持四千五，联系东方进近幺幺九点幺，再见 |
| | pilot | Maintaining 4500 meters，Approach 119.1，CCA101. |
| | 飞行员 | 保持四千五，进近幺幺九点幺，国际幺洞幺 |
| 6 | pilot | Dongfang Approach，CCA101，maintaining 4500 meters，estimating VYK at 18. |
| | 飞行员 | 东方进近，国际幺洞幺，保持四千五，预计大王庄幺八 |
| | controller | CCA101，Dongfang Approach，expect follow VYK - 01A arrival，report passing VYK. |
| | 管制员 | 国际幺洞幺，东方进近，大王庄洞幺 Alpha 进场程序，过大王庄报告 |
| | pilot | Roger，follow VYK - 01A，report passing VYK，CCA101. |
| | 飞行员 | 收到，大王庄洞幺 Alpha 进场程序，过大王庄报告，国际幺洞幺 |
| 7 | controller | CCA101，met report Dongfang，wind 320 degrees 5 meters per second，visibility 3000 meters，cloud broken，ceiling 500 meters，temperature 20，QNH 1008，expect ILS approach runway 36. |
| | 管制员 | 国际幺洞幺，东方机场气象报告，风向三两洞，风速五米秒，能见度三千米，多云，云底高五百米，温度两洞，修正海压幺洞洞八，预计 ILS 进近，跑道三六 |
| | pilot | QNH 1008，ILS approach runway 36，CCA101. |
| | 飞行员 | 修正海压幺洞洞八，ILS 进近，跑道三六，国际幺洞幺 |
| 8 | pilot | CCA101，over VYK 18，maintaining 4500 meters，estimating VSE at 25. |
| | 飞行员 | 国际幺洞幺，过大王庄幺八，保持四千五，预计南头两五 |
| | controller | CCA101，descend to 600 meters on QNH 1008，report passing 3000 meters. |
| | 管制员 | 国际幺洞幺，下降到修正海压六百，修正海压幺洞洞八，通过三千报告 |
| | pilot | Leaving 4500 meters descending to 600 meters on QNH 1008，will report passing 3000 meters，CCA101. |
| | 飞行员 | 离开四千五下降到修正海压六百，修正海压幺洞洞八，通过三千报告，国际幺洞幺 |

| 序　号 | 通话单位 | 通话内容 |
|---|---|---|
| 9 | pilot<br>飞行员 | CCA101，passing 3000 meters descending.<br>国际幺洞幺,通过三千下降 |
| | controller<br>管制员 | CCA101，report reaching 600 meters.<br>国际幺洞幺,到达六百报告 |
| | pilot<br>飞行员 | Wilco，CCA101.<br>照办,国际幺洞幺 |
| 10 | pilot<br>飞行员 | CCA101，reaching 600 meters.<br>国际幺洞幺,到达六百 |
| | controller<br>管制员 | CCA101，cleared for ILS approach runway 36，report established localizer.<br>国际幺洞幺,可以 ILS 进近,跑道三六,建立航向道报告 |
| | pilot<br>飞行员 | Cleared ILS approach runway 36，report established，CCA101.<br>可以 ILS 进近,跑道三六,建立报告,国际幺洞幺 |
| 11 | pilot<br>飞行员 | CCA101，established localizer runway 36.<br>国际幺洞幺,建立航向道,跑道三六 |
| | controller<br>管制员 | CCA101，continue approach，report passing VSE.<br>国际幺洞幺,继续进近,过南头报告 |
| | pilot<br>飞行员 | Wilco，CCA101.<br>照办,国际幺洞幺 |
| 12 | pilot<br>飞行员 | CCA101，passing VSE.<br>国际幺洞幺,过南头 |
| | controller<br>管制员 | CCA101，contact Dongfang Tower on 118.1，good day.<br>国际幺洞幺,联系东方塔台幺幺八点幺,再见 |
| | pilot<br>飞行员 | Tower 118.1，good day，CCA101.<br>塔台幺幺八点幺,再见,国际幺洞幺 |

**2. 离港流程**

当前时间为 UTC 10:00,CCA102 正在从东方机场 36 号跑道起飞飞往乌鲁木齐机场,预计巡航高度为 10 400 m,预计通过 EPGAM 时间为 09:02,计划与东方进近进行首次联系,飞行计划航路见图 6-14。所使用的通话用语见表 6-16。

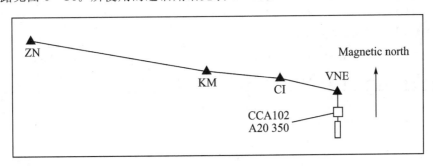

**图 6 - 14　离港流程**

表 6 – 16　离港通话用语

| 序　号 | 通话单位 | 通话内容 |
|---|---|---|
| 1 | pilot | Dongfang Approach, CCA102, climbing to 600 meters, estimating VNE at 10:03. |
| | 飞行员 | 东方进近,国际幺洞两,上升到六百,预计北头幺洞洞三 |
| | controller | CCA102, Dongfang Approach, follow KM-01D continue climb to 4200 meters on standard, report passing VNE. |
| | 管制员 | 国际幺洞两,东方进近,沿怀来洞幺 Delta 离场程序继续上升到标准气压四两,过北头报告 |
| | pilot | Roger, follow KM-01D climbing to 4200 meters on standard, will report passing VNE, CCA102. |
| | 飞行员 | 收到,沿怀来洞幺 Delta 离场程序上升到标准气压四两,过北头报告,国际幺洞两 |
| 2 | pilot | CCA102, over VNE 03, passing 1600 meters climbing to 4200 meters, estimating CI at 07. |
| | 飞行员 | 国际幺洞两,过北头洞三,通过一千六上升到四两,预计 CI 洞拐 |
| | controller | CCA102. |
| | 管制员 | 国际幺洞两 |
| 3 | pilot | CCA102, over CI 07, approaching 4200 meters, estimating KM 12. |
| | 飞行员 | 国际幺洞两,过 CI 洞拐,接近四两,预计怀来幺两 |
| | controller | CCA102, maintain 4200 meters, report passing KM. |
| | 管制员 | 国际幺洞两,保持四两,过怀来报告 |
| | pilot | Maintaining 4200 meters, will report passing KM, CCA102. |
| | 飞行员 | 保持四两,过怀来报告,国际幺洞两 |
| 4 | pilot | CCA102, over KM 12, maintaining 4200 meters, estimating ZN at 20. |
| | 飞行员 | 国际幺洞两,过怀来幺两,保持四两,预计天镇两洞 |
| | controller | CCA102, contact Dongfang Control on 120.1. |
| | 管制员 | 国际幺洞两,联系东方区域幺两洞点幺 |
| | pilot | Control 120.1, CCA102. |
| | 飞行员 | 区域幺两洞点幺,国际幺洞两 |
| 5 | pilot | Dongfang Control, CCA102, over KM 12, maintaining 4200 meters, estimating ZN at 20. |
| | 飞行员 | 东方区域,国际幺洞两,过怀来幺两,保持四两,预计天镇两洞 |
| | controller | CCA102, Dongfang Control, climb to 8400 meters, report reaching. |
| | 管制员 | 国际幺洞两,东方区域,上升到八千四,到达报告 |
| | pilot | Leaving 4200 meters climbing to 8400 meters, will report reaching, CCA102. |
| | 飞行员 | 离开四两上升到八千四,到达报告,国际幺洞两 |

续表 6 - 16

| 序　号 | 通话单位 | 通话内容 |
|---|---|---|
| 6 | pilot<br>飞行员 | CCA102，reaching 8400 meters.<br>国际幺洞两，到达八千四 |
|  | controller<br>管制员 | CCA102，maintain 8400 meters.<br>国际幺洞两，保持八千四 |
|  | pilot<br>飞行员 | Maintaining 8400 meters，CCA102.<br>保持八千四，国际幺洞两 |
| 7 | pilot<br>飞行员 | CCA102，over ZN at 21，maintaining 8400 meters，estimating SZ at 30.<br>国际幺洞两，过天镇两幺，保持八千四，预计 SZ 三洞 |
|  | controller<br>管制员 | CCA102，contact West Control on 133.7，good day.<br>国际幺洞两，联系西部区域幺三三点拐，再见 |
|  | pilot<br>飞行员 | West Control 133.7，good day，CCA102.<br>西部区域幺三三点拐，再见，国际幺洞两 |

**3. 梯级下降**

　　CCA101 和 CCA102 均为进港航空器，东方机场使用跑道为 36 号，飞行计划航路见图 6 - 15。所使用的通话用语见表 6 - 17 和表 6 - 18。

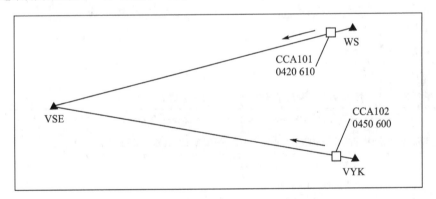

**图 6 - 15　进港航空器下降高度**

**表 6 - 17　梯级下降通话用语**

| 序　号 | 通话单位 | 通话内容 |
|---|---|---|
| 1 | controller<br>管制员 | CCA101，descend to 600 meters on QNH 998，report passing 3000 meters.<br>国际幺洞幺，下降到修正海压六百，修正海压九九八，通过三千报告 |
|  | pilot<br>飞行员 | Leaving 4200 meters descending to 600 meters on QNH 998，will report passing 3000 meters，CCA101.<br>离开四两下降到修正海压六百，修正海压九九八，通过三千报告，国际幺洞幺 |

| 序　号 | 通话单位 | 通话内容 |
|---|---|---|
| 2 | Pilot<br>飞行员 | CCA101,passing 3000 meters descending.<br>国际幺洞幺,通过三千下降 |
| | controller<br>管制员 | CCA101.<br>国际幺洞幺 |
| 3 | controller<br>管制员 | CCA102, descend to 3600 meters, report reaching.<br>国际幺洞两,下降到三千六,到达报告 |
| | pilot<br>飞行员 | Leaving 4500meters descending to 3600 meters, will report reaching 3600 meters, CCA102.<br>离开四千五下降到三千六,到达三千六报,国际幺洞两 |
| 4 | pilot<br>飞行员 | CCA102, reaching 3600 meters.<br>国际幺洞两,到达三千六 |
| | controller<br>管制员 | CCA102.<br>国际幺洞两 |
| 5 | controller<br>管制员 | CCA101,report altitude.<br>国际幺洞幺,报告高度 |
| | pilot<br>飞行员 | CCA101, passing 1800 meters descending.<br>国际幺洞幺,通过幺八下降 |
| | controller<br>管制员 | CCA101.<br>国际幺洞幺 |
| 6 | controller<br>管制员 | CCA102, descend to 2100 meters on QNH 998.<br>国际幺洞两,下降到修正海压两幺,修正海压九九八 |
| | pilot<br>飞行员 | Leaving 3600 meters descending to 2100 meters on QNH 998, CCA102.<br>离开三千六下降到修正海压两幺,修正海压九九八,国际幺洞两 |
| 7 | Pilot<br>飞行员 | CCA101, reaching 600 meters.<br>国际幺洞幺,到达六百 |
| | controller<br>管制员 | CCA101.<br>国际幺洞幺 |
| 8 | controller<br>管制员 | CCA102, continue descent to 900meters.<br>国际幺洞两,继续下降到九百 |
| | pilot<br>飞行员 | Descending to 900meters, CCA102.<br>正在下降九百,国际幺洞两 |

表 6-18　固定下降率下降通话用语

| 序　号 | 通话单位 | 通话内容 |
|---|---|---|
| 1 | controller | CCA101, descend to 600 meters on QNH 1012. |
| | 管制员 | 国际幺洞幺，下降到修正海压六百，修正海压幺洞幺两 |
| | pilot | Leaving 4200 meters descending to 600 meters on QNH 1012, CCA101. |
| | 飞行员 | 离开四两下降到修正海压六百，修正海压幺洞幺两，国际幺洞幺 |
| | controller | CCA101, report rate of descent. |
| | 管制员 | 国际幺洞幺，报告下降率 |
| | pilot | 2000 feet per minute, CCA101. |
| | 飞行员 | 下降率两千（英尺分钟），国际幺洞幺 |
| | controller | CCA101, descend at 2000 feet per minute or greater. |
| | 管制员 | 国际幺洞幺，下降率不小于两千（英尺分钟） |
| | pilot | Descending at 2000 feet per minute or greater, CCA101. |
| | 飞行员 | 下降率不小于两千（英尺分钟），国际幺洞幺 |
| 2 | controller | CCA102, descend to 900 meters on QNH 1012 at 2000 feet per minute or less. |
| | 管制员 | 国际幺洞两，下降到修正海压九百，修正海压幺洞幺两，下降率不大于两千（英尺分钟） |
| | pilot | Leaving 4500 meters descending to 900 meters on QNH 1012 at 2000 feet per minute or less, CCA102. |
| | 飞行员 | 离开四千五下降到修正海压九百，修正海压幺洞幺两，下降率不大于两千（英尺分钟），国际幺洞两 |

## 4. 横向间隔应用(1)

CCA101 为进港航空器，CCA102 为离港航空器，飞行计划航路见图 6-16。CCA101 下降使用的通话用语见表 6-19 和表 6-20。

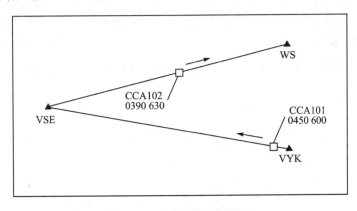

图 6-16　横向间隔应用(1)

表 6 – 19　横向间隔通话用语(1)

| 序　号 | 通话单位 | 通话内容 |
|---|---|---|
| 1 | controller | CCA102, report passing 50 kilometers from VSE DME. |
| | 管制员 | 国际幺洞两,距南头 DME 五十千米报告 |
| | pilot | Wilco, CCA102. |
| | 飞行员 | 照办,国际幺洞两 |
| 2 | pilot | CCA102, 50 kilometers from VSE DME. |
| | 飞行员 | 国际幺洞两,距南头 DME 五十千米 |
| | controller | CCA102. |
| | 管制员 | 国际幺洞两 |
| 3 | controller | CCA101, descend to 1800 meters on QNH 1016. |
| | 管制员 | 国际幺洞幺,下降到修正海压幺八,修正海压幺洞幺六 |
| | pilot | Leaving 4500 meters descending to 1800 meters on QNH 1016, CCA101. |
| | 飞行员 | 离开四千五下降到修正海压幺八,修正海压幺洞幺六,国际幺洞幺 |

表 6 – 20　横向间隔通话用语(2)

| 序　号 | 通话单位 | 通话内容 |
|---|---|---|
| 1 | controller | CCA101, descend to 1800 meters on QNH 1016, cross 50 kilometers DME of VSE at 3600 meters or below. |
| | 管制员 | 国际幺洞幺,下降到修正海压幺八,修正海压幺洞幺六,在距南头 DME 50 千米前通过三千六 |
| | pilot | Leaving 4500 meters descending to 1800 meters on QNH 1016, to cross 50 kilometers to VSE DME at 3600 meters or below, CCA101. |
| | 飞行员 | 离开四千五下降到修正海压幺八,修正海压幺洞幺六,距南头 DME 50 千米前通过三千六,国际幺洞幺 |

### 5. 横向间隔应用(2)

CCA101 为进港航空器,CCA102 为离港航空器,飞行计划航路见图 6 – 17。横向间隔通话用语见表 6 – 21。

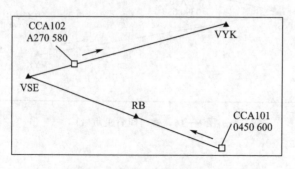

图 6 – 17　横向间隔应用(2)

表 6 - 21　横向间隔通话用语(3)

| 序　号 | 通话单位 | 通话内容 |
|---|---|---|
| 1 | controller | CCA102，climb to 3900 meters on standard. |
| | 管制员 | 国际幺洞两，上升到标准气压三千九 |
| | pilot | Leaving 2700 meters climbing to 3900 meters on standard，CCA102. |
| | 飞行员 | 离开两拐上升到标准气压三千九,国际幺洞两 |
| 2 | controller | CCA101，descend to 900 meters on QNH 1005，cross RB at 2400 meters or below. |
| | 管制员 | 国际幺洞幺,下降到修正海压九百,修正海压幺洞洞五,在河堤前下降到两千四 |
| | pilot | Leaving 4500 meters descending to 900 meters on QNH 1005，to cross RB at 2400 meters or below，CCA101. |
| | 飞行员 | 离开四千五下降到修正海压九百,修正海压幺洞洞五,在河堤前下降到两千四,国际幺洞幺 |

## 6. 目视相遇

CCA101 为进港航空器,CCA102 为离港航空器,在东方进近区内目视气象条件可用,飞行计划航路见图 6 - 18。目视相遇通话用语见表 6 - 22。

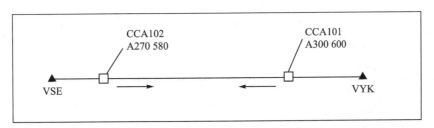

图 6 - 18　目视相遇

表 6 - 22　目视相遇通话用语

| 序　号 | 通话单位 | 通话内容 |
|---|---|---|
| 1 | controller | CCA101，opposite traffic at 2700 meters，B767，estimated passing at 21，report traffic in sight. |
| | 管制员 | 国际幺洞幺,相对飞行,高度两拐,波音七六七,预计两幺分相遇,看到后报告 |
| | pilot | Wilco，CCA101. |
| | 飞行员 | 照办,国际幺洞幺 |
| 2 | controller | CCA102，opposite traffic at 3000 meters，A340，estimated passing at 21，report traffic in sight. |
| | 管制员 | 国际幺洞两,相对飞行,高度三千,空客三四零,预计两幺分相遇,看到后报告 |
| | pilot | Wilco，CCA102. |
| | 飞行员 | 照办,国际幺洞两 |

| 序 号 | 通话单位 | 通话内容 |
|---|---|---|
| 3 | pilot | CCA101，B767 in sight. |
| | 飞行员 | 国际幺洞幺,已经看到波音七六七了 |
| | controller | CCA101, report clear of traffic. |
| | 管制员 | 国际幺洞幺,相遇无影响报告 |
| | pilot | Wilco，CCA101. |
| | 飞行员 | 照办,国际幺洞幺 |
| 4 | pilot | CCA102，A340 in sight. |
| | 飞行员 | 国际幺洞两,看到空客三四零了 |
| | controller | CCA102，report clear of traffic. |
| | 管制员 | 国际幺洞两,相遇无影响报告 |
| | pilot | Wilco，CCA102. |
| | 飞行员 | 照办,国际幺洞两 |
| 5 | pilot | CCA101，clear of traffic. |
| | 飞行员 | 国际幺洞幺,与波音七六七相遇过了 |
| | controller | CCA101. |
| | 管制员 | 国际幺洞幺 |
| 6 | pilot | CCA102，clear of traffic. |
| | 飞行员 | 国际幺洞两,与空客三四零相遇过了 |
| | controller | CCA102, climb to 4200 meters on standard. |
| | 管制员 | 国际幺洞两,上升到标准气压四两 |
| | pilot | Leaving 2700 meters climbing to 4200 meters on standard，CCA102. |
| | 飞行员 | 离开两拐上到标准气压四两,国际幺洞两 |
| 7 | controller | CCA101, descend to 1200 meters. |
| | 管制员 | 国际幺洞幺,下降到幺两 |
| | pilot | Leaving 3000 meters descending to 1200 meters，CCA101. |
| | 飞行员 | 离开三千下降到幺两,国际幺洞幺 |

**7. DME 间隔(逆向飞行)**

在东方进近区域内,CCA101 为进港航空器,CCA102 为离港航空器,飞行计划航路见图 6-19。逆向飞行 DME 间隔通话用语见表 6-23。

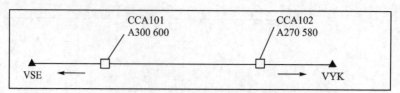

图 6-19 逆向飞行 DME 间隔

表 6 – 23　逆向飞行 DME 间隔通话用语

| 序　号 | 通话单位 | 通话内容 |
| --- | --- | --- |
| 1 | controller | CCA101, report distance from VSE DME. |
| | 管制员 | 国际幺洞幺,报告距南头 DME 的距离 |
| | pilot | 18 kilometers from VSE DME, CCA101. |
| | 飞行员 | 距南头 DME 十八千米,国际幺洞幺 |
| 2 | controller | CCA102, report distance from VSE DME. |
| | 管制员 | 国际幺洞两,报告距南头 DME 的距离 |
| | pilot | 40 kilometers from VSE DME, CCA102. |
| | 飞行员 | 距南头 DME 四十千米,国际幺洞两 |
| | controller | CCA102, climb to 4200meters on standard. |
| | 管制员 | 国际幺洞两,上升到标准气压四两 |
| | pilot | Leaving 2700meters climbing to 4200 meters on standard, CCA102. |
| | 飞行员 | 离开两拐,上升到标准气压四两,国际幺洞两 |
| 3 | controller | CCA101, descend to 1500meters. |
| | 管制员 | 国际幺洞幺,下降到幺五 |
| | pilot | Leaving 3000meters descending to 1500 meters, CCA101. |
| | 飞行员 | 离开三千下降到幺五,国际幺洞幺 |

### 8. DME 间隔(同航迹)(1)

在东方进近区域内,CCA101 为进港航空器,CCA102 为离港航空器,CCA101 飞行速度不大于 CCA102,CCA101 通过 VSE 飞向 VNE 计划 18 号跑道 ILS 进近,CCA102 通过 VNE 后计划飞向 YV 离场,飞行计划航路见图 6 – 20。航空器高度改变通话用语见表 6 – 24。

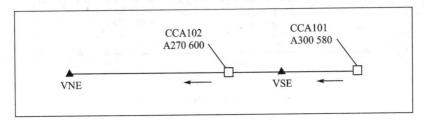

图 6 – 20　同航迹 DME 间隔(1)

表 6 – 24　同航迹 DME 间隔通话用语(1)

| 序　号 | 通话单位 | 通话内容 |
| --- | --- | --- |
| 1 | controller | CCA102, report distance from VSE DME. |
| | 管制员 | 国际幺洞两,报告距南头 DME 的距离 |
| | pilot | 10 kilometers from VSE DME, CCA102. |
| | 飞行员 | 距南头 DME 十千米,国际幺洞两 |

| 序　号 | 通话单位 | 通话内容 |
|---|---|---|
| 2 | controller | CCA101, report distance from VSE DME. |
| | 管制员 | 国际幺洞幺,报告距南头 DME 的距离 |
| | pilot | 14 kilometers from VSE DME, CCA101. |
| | 飞行员 | 距南头 DME 十四千米,国际幺洞幺 |
| | controller | CCA101, descend to 900 meters, report passing 2400 meters. |
| | 管制员 | 国际幺洞幺,下降到九百,通过两千四报告 |
| | pilot | Leaving 3000 meters descending to 900 meters, will report passing 2400 meters, CCA101. |
| | 飞行员 | 离开三千下降到九百,通过两千四报告,国际幺洞幺 |
| 3 | pilot | CCA101, passing 2400 meters descending. |
| | 飞行员 | 国际幺洞幺,通过两千四 |
| | controller | CCA101. |
| | 管制员 | 国际幺洞幺 |
| 4 | controller | CCA102, climb to 3900 meters on standard. |
| | 管制员 | 国际幺洞两,上升到标准气压三千九 |
| | pilot | Leaving 2700 meters climbing to 3900 meters on standard, CCA102. |
| | 飞行员 | 离开两拐上升到标准气压三千九,国际幺洞两 |

### 9. DME 间隔(同航迹)(2)

在东方区域内,CCA101 和 CCA102 为从东方机场起飞航班,CCA102 速度比 CCA101 的大,CCA102 请求的巡航高度层在 CCA101 的高度之上,飞行计划航路见图 6 - 21。通话用语见表 6 - 25。

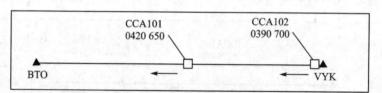

图 6 - 21　同航迹 DME 间隔(2)

表 6 - 25　同航迹 DME 间隔通话用语(2)

| 序　号 | 通话单位 | 通话内容 |
|---|---|---|
| 1 | pilot | Dongfang Control, CCA102, over VYK 07, maintaining 3900 meters, estimating BTO at 16. |
| | 飞行员 | 东方区域,国际幺洞两,过大王庄洞拐,三千九保持,预计泊头幺六 |
| | controller | CCA102, Dongfang Control, stand by for climb. |
| | 管制员 | 国际幺洞两,东方区域,稍等上升 |
| | pilot | Standing by, CCA102. |
| | 飞行员 | 稍等,国际幺洞两 |

| 序　号 | 通话单位 | 通话内容 |
|---|---|---|
| 2 | controller | CCA101, report distance from VYK DME. |
| | 管制员 | 国际幺洞幺,报告距大王庄 DME 的距离 |
| | pilot | 50 kilometers from VYK DME, CCA101 |
| | 飞行员 | 距大王庄 DME 五十千米,国际幺洞幺 |
| 3 | controller | CCA102, climb to 8900 meters, cross 30 kilometers DME of VYK at 4500 meters or above, report passing 4500 meters. |
| | 管制员 | 国际幺洞两,上升到八千九,在距大王庄 DME 三十米前通过四千五,过四千五报告 |
| | pilot | Leaving 3900 meters climbing to 8900 meters, to cross 30 kilometers DME of VYK at meters or above 4500, will report passing 4500 meters, CCA102. |
| | 飞行员 | 离开三千九上升到八千九,在距大王庄 DME 三十米前通过四千五,过四千五报告,国际幺洞两 |
| 4 | pilot | CCA102, passing 4500 meters. |
| | 飞行员 | 国际幺洞两,通过四千五 |
| | controller | CCA102, report rate of climb. |
| | 管制员 | 国际幺洞两,报告上升率 |
| | pilot | 2000 feet per minute, CCA102. |
| | 飞行员 | 上升率两千(英尺分钟),国际幺洞两 |
| | controller | CCA102, climb at 2000 feet per minute or greater. |
| | 管制员 | 国际幺洞两,上升率不小于两千(英尺分钟) |
| | pilot | Climbing at 2000 feet per minute or greater, CCA102. |
| | 飞行员 | 上升率不小于两千(英尺分钟),国际幺洞两 |
| 5 | controller | CCA101, climb to 8100 meters at 2000 feet per minute or less. |
| | 管制员 | 国际幺洞幺,上升到八幺,上升率不大于两千(英尺分钟) |
| | pilot | Leaving 4200 meters climbing to 8100 meters at 2000 feet per minute or less, CCA101. |
| | 飞行员 | 离开四两上升到八幺,上升率不大于两千(英尺分钟),国际幺洞幺 |

## 10. 延长一边

在东方进近区域内,36 号跑道,CCA101 为进港航空器,CCA102 为离港航空器,目的地为上海,飞行计划航路见图 6-22。延长一边通话用语见表 6-26。

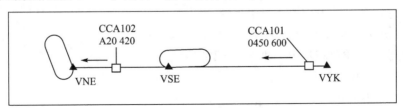

图 6-22　延长一边

表 6 - 26    延长一边通话用语

| 序  号 | 通话单位 | 通话内容 |
|---|---|---|
| 1 | controller | CCA101，descend to 600 meters on QNH 1013，report passing 2100 meters. |
| | 管制员 | 国际幺洞幺，下降到修正海压六百，修正海压幺洞幺三，通过两幺报告 |
| | pilot | Leaving 4500 meters descending to 600 meters on QNH 1013，will report passing 2100 meters，CCA101. |
| | 飞行员 | 离开四千五，下降到修正海压六百，修正海压幺洞幺三，通过两幺报告，国际幺洞幺 |
| 2 | pilot | CCA102，climbing to 600 meters，estimating VNE at 43. |
| | 飞行员 | 国际幺洞两，上升到六百，预计北头四三 |
| | controller | CCA102，continue climb to 2700 meters，after passing VNE，track 005 degrees from VNE report passing 2400 meters. |
| | 管制员 | 国际幺洞两，继续上升到两拐，通过北头后航迹洞洞五，过两千四报 |
| | pilot | Climbing to 2700 meters，Track 005 degrees after passing VNE，report passing 2400 meters，CCA102. |
| | 飞行员 | 继续上升到两拐，过北头航迹洞洞五，通过两千四报，国际幺洞两 |
| 3 | pilot | CCA101，passing 2100 meters. |
| | 飞行员 | 国际幺洞幺，通过两幺 |
| | controller | CCA101. |
| | 管制员 | 国际幺洞幺 |
| 4 | pilot | CCA102，passing 2400 meters climbing to 2700 meters. |
| | 飞行员 | 国际幺洞两，通过两千四，正在上升到两拐 |
| | controller | CCA102，turn back to VNE. |
| | 管制员 | 国际幺洞两，转回北头 |

# 6.4.3  常用通话用语

1. Climb to reach 3600m at 25.
   在两五分之前上升到三千六。

2. Descend to reach 4500m by RB.
   在河堤之前下降到四千五。

3. Climb to 5400m at 10 metres per second or greater.
   上升到五千四，上升率不小于十米秒。

4. Descend to 1200m at 2000 feet per minute or less.
   下降到幺两，下降率不大于两千（英尺分钟）。

5. Expect climb at VSE.
   预计在南头上升。

6. After passing VNE, descend to 900m.
   通过北头后下降到九百。

7. Report distance from VSE DME.

   报告距南头 DME 的距离。

8. Report 20km from VNE DME.

   距北头 DME 二十千米报告。

9. Maintain 3000m until 2 minutes after passing CI.

   过悬崖之后,保持三千两分钟。

10. Cross RB at 2100m or below.

   不高于两幺过河堤。

11. Cross VNE at or above 2700m.

   不低于两拐过北头。

12. Cross MT at 33 or later.

   在三三分后通过东门。

13. Cross 40km DME of VNE at 2400m or below.

   低于两千四通过距北头 DME 四十千米。

14. Advise if able to cross BTO at 36.

   能否在三六分通过泊头。

15. Report passing VSE inbound.

   南头向台报告。

16. After passing VNE, track 185 degrees until passing 1500m before turning back to VNE.

   过北头后,航迹幺八五通过幺五后转回北头。

17. Hold at VSE, expected approach time 23.

   在南头等待,预计进近时间两三。

18. Hold at VNE, expect further clearance at 45.

   在北头等待,预计进一步许可四五分。

19. Hold at VSE, expect approach clearance at 57.

   在南头等待,预计进近许可五拐分。

20. Expect ILS approach runway 36.

   预计 ILS 进近,跑道三六。

# 附录 A  常用航空公司呼号

表 A-1  常用航空公司呼号

| 编　号 | 三字码 | 话呼(中文/英文) | 中文全称 |
|---|---|---|---|
| 01 | AAR | ASIANA | 韩亚航空公司 |
| 02 | ACA | AIR CANADA | 加拿大航空公司 |
| 03 | AEW | AEROSVIT | 乌克兰空中世界航空公司 |
| 04 | AFL | AEROFLOT | 俄罗斯国际航空公司 |
| 05 | AFR | AIRFRANS | 法国航空公司 |
| 06 | AIC | AIRINDIA | 印度航空公司 |
| 07 | AMU | AIR MACAO | 澳门航空公司 |
| 08 | ANA | ALL NIPPON | 全日空航空有限公司 |
| 09 | ANZ | NEW ZEALAND | 新西兰航空有限公司 |
| 10 | AUA | AUSTRIAN | 奥地利航空公司 |
| 11 | AZA | ALITALIA | 意大利航空公司 |
| 12 | BAW | SPEEDBIRD | 英国航空公司 |
| 13 | CCA | 国际 AIR CHINA | 中国国际航空股份有限公司 |
| 14 | CDG | 山东 SHAN DONG | 山东航空有限公司 |
| 15 | CDN | CANADIAN | 加拿大国际航空有限公司 |
| 16 | CES | 东方 CHINA EASTERN | 中国东方航空股份有限公司 |
| 17 | CGW | 长城 CHANG CHENG | 长城货运航空有限公司 |
| 18 | CHB | 西部 WEST CHINA | 西部航空有限公司 |
| 19 | CHH | 海南 HAI NAN | 海南航空股份有限公司 |
| 20 | CKK | 货航 CARGO KING | 中国货运航空有限公司 |
| 21 | CPA | CATHAY | 国泰太平洋航空有限公司(英国) |
| 22 | CQH | 春秋 AIR SPRING | 春秋航空有限公司 |
| 23 | CSC | 四川 CHUAN HANG | 四川航空有限公司 |
| 24 | CSH | 上海 SHANG HAI | 上海航空有限公司 |
| 25 | CSN | 南方 CHINA SOUTHERN | 中国南方航空股份有限公司 |
| 26 | CSZ | 深圳 SHEN ZHEN | 深圳航空有限公司 |
| 27 | CXA | 白鹭 XIA MEN AIR | 厦门航空有限公司 |
| 28 | CYZ | 邮政 CHINA POST | 中国邮政航空有限公司 |

续表 A-1

| 编　号 | 三字码 | 话呼（中文/英文） | 中文全称 |
|---|---|---|---|
| 29 | DAL | DELTA | 三角航空公司（美国） |
| 30 | DER | 金鹿 DEER JET | 金鹿公务机航空有限公司 |
| 31 | DKH | 吉航 JUNEYAO AIRLINES | 吉祥航空有限公司 |
| 32 | DLH | LUFTHANSA | 汉莎航空公司（德国） |
| 33 | DXH | 东星 EAST STAR | 东星航空有限公司 |
| 34 | EPA | 东海 DONGHAI AIR | 东海航空有限公司 |
| 35 | ETH | ETHIOPIAN | 埃塞俄比亚航空公司 |
| 36 | FDX | FDX | 美国联邦快递货运航空公司 |
| 37 | FIN | FINNAIR | 芬兰航空公司 |
| 38 | GCR | 神龙 CHINA DRAGON | 大新华快运航空有限公司 |
| 39 | GIA | INDONESIA | 印度尼西亚鹰航空公司 |
| 40 | HDA | DRAGON | 港龙航空公司 |
| 41 | HXA | 华夏 CHINA EXPRESS | 华夏航空有限公司 |
| 42 | JAE | 翡翠 JADE CARGO | 翡翠货运航空有限公司 |
| 43 | JAL | JAPANAIR | 日本航空有限公司 |
| 44 | KAL | KOREANAIR | 大韩航空公司（韩国） |
| 45 | KLM | KLM | 荷兰皇家航空公司 |
| 46 | LKE | 祥鹏 LUCKY AIR | 祥鹏航空有限公司 |
| 47 | MAS | MALAYSIAN | 马来西亚航空公司 |
| 48 | MGL | MONGOLAIR | 蒙古航空公司 |
| 49 | NWA | NORTHWEST | 西北东方航空公司（美国） |
| 50 | OKA | 奥凯 OKAY JET | 奥凯航空有限公司 |
| 51 | PAL | PHILIPPINE | 菲律宾航空公司 |
| 52 | PIA | PAKISTAN | 巴基斯坦国际航空公司 |
| 53 | QFA | QANTAS | 快达航空公司（澳大利亚） |
| 54 | QTR | QATAR | 卡塔尔航空公司 |
| 55 | ROT | TAROM(ROMANIAN AIR) | 罗马尼亚航空运输公司 |
| 56 | SAS | SCANDINAVIAN | 北欧航空公司（瑞典） |
| 57 | SIA | SINGAPORE | 新加坡航空公司 |
| 58 | SVA | SAUDIA | 沙特阿拉伯航空公司 |
| 59 | SWR | SWISSAIR | 瑞士航空公司 |
| 60 | THA | THAI | 泰国国际航空公司 |
| 61 | THY | TURKAIR | 土耳其航空公司 |

续表 A - 1

| 编　号 | 三字码 | 话呼（中文/英文） | 中文全称 |
|---|---|---|---|
| 62 | UAL | UNITED | 联合航空公司（美国） |
| 63 | UEA | 鹰联 UNTIED　EAGLE | 鹰联航空有限公司 |
| 64 | UKR | AIR UKRAINE | 乌克兰航空公司 |
| 65 | UPS | UPS | 美国联邦包裹运送服务公司 |
| 66 | YZR | 扬子江 YANGZIE　RNVER | 扬子江快运航空公司 |

# 附录 B 机场四字地名代码

表 B-1 机场四字地名代码

| 编 号 | 四字代码 | 名 称 | 国家地区 | 编 号 | 四字代码 | 名 称 | 国家地区 |
|---|---|---|---|---|---|---|---|
| 1 | CYOW | 渥太华 | 加拿大 | 29 | LFML | 马赛 | 法国 |
| 2 | CYVR | 温哥华 | 加拿大 | 30 | LFPG | 巴黎戴高乐 | 法国 |
| 3 | CYYZ | 多伦多 | 加拿大 | 31 | LIEE | 卡拉里 | 意大利 |
| 4 | EDDF | 法兰克福 | 德国 | 32 | LPPT | 里斯本 | 葡萄牙 |
| 5 | EDDH | 汉堡市 | 德国 | 33 | LSGG | 日内瓦 | 瑞士 |
| 6 | EDDM | 慕尼黑 | 德国 | 34 | LSZH | 苏黎世 | 瑞士 |
| 7 | EGBB | 伯明翰 | 英国 | 35 | LTAC | 安卡拉 | 土耳其 |
| 8 | EGLL | 伦敦希斯罗 | 英国 | 36 | LTBA | 伊斯坦布尔 | 土耳其 |
| 9 | EGPH | 爱丁堡 | 英国 | 37 | MMMX | 墨西哥城 | 墨西哥 |
| 10 | EHAM | 阿姆斯特丹 | 荷兰 | 38 | MUHA | 哈瓦那 | 古巴 |
| 11 | EIDW | 都柏林 | 爱尔兰 | 39 | NZAA | 奥克兰 | 新西兰 |
| 12 | EPWA | 华沙 | 波兰 | 40 | OIII | 德黑兰 | 伊朗 |
| 13 | KATL | 亚特兰大 | 美国 | 41 | OMDB | 迪拜 | 阿联酋 |
| 14 | KBOS | 波士顿罗根 | 美国 | 42 | ORBS | 巴格达 | 伊拉克 |
| 15 | KDCA | 华盛顿雷根 | 美国 | 43 | RCKH | 高雄 | 高雄 |
| 16 | KDEN | 丹佛 | 美国 | 44 | RCTP | 桃园 | 台北 |
| 17 | KDFW | 达拉斯 | 美国 | 45 | RJAA | 东京成田 | 日本 |
| 18 | KIAD | 华盛顿杜勒斯 | 美国 | 46 | RJFM | 宫崎 | 日本 |
| 19 | KJFK | 纽约肯尼迪 | 美国 | 47 | RJTT | 东京羽田 | 日本 |
| 20 | KLAX | 洛杉矶 | 美国 | 48 | RKPK | 釜山金海 | 韩国 |
| 21 | KMEM | 孟菲斯 | 美国 | 49 | RKSI | 首尔仁川 | 韩国 |
| 22 | KMIA | 迈阿密 | 美国 | 50 | SACO | 科多瓦 | 阿根廷 |
| 23 | KPHL | 费城 | 美国 | 51 | SCEL | 圣地亚哥 | 阿根廷 |
| 24 | KRNO | 雷诺 | 美国 | 52 | UHWW | 海参崴 | 俄罗斯 |
| 25 | KSFO | 旧金山 | 美国 | 53 | UKBB | 基辅 | 乌克兰 |
| 26 | KSLC | 盐湖城 | 美国 | 54 | VABB | 孟买 | 印度 |
| 27 | LEBL | 巴塞罗那 | 西班牙 | 55 | VCBI | 科伦坡 | 斯里兰卡 |
| 28 | LEMD | 马德里 | 西班牙 | 56 | VDPP | 金边 | 高棉 |

| 编号 | 四字代码 | 名称 | 国家地区 | 编号 | 四字代码 | 名称 | 国家地区 |
|---|---|---|---|---|---|---|---|
| 57 | VECC | 加尔各答 | 印度 | 90 | ZGCD | 桃花源 | 常德 |
| 58 | VHHH | 香港 | 中国香港 | 91 | ZGCJ | 芷江 | 怀化 |
| 59 | VMMC | 澳门 | 中国澳门 | 92 | ZGDY | 荷花 | 张家界 |
| 60 | PHNL | 檀香山 | 美国 | 93 | ZGGG | 新白云 | 广州 |
| 61 | RPLL | 马尼拉 | 菲律宾 | 94 | ZGHA | 黄花 | 长沙 |
| 62 | VTBD | 曼谷 | 泰国 | 95 | ZGKL | 两江 | 桂林 |
| 63 | VVNB | 河内 | 越南 | 96 | ZGLG | 零陵 | 永州 |
| 64 | VYYY | 仰光 | 缅甸 | 97 | ZGMX | 梅县 | 梅州 |
| 65 | WMKK | 吉隆坡 | 马来西亚 | 98 | ZGNN | 吴圩 | 南宁 |
| 66 | WSSS | 新加坡樟宜 | 新加坡 | 99 | ZGOW | 外砂 | 汕头 |
| 67 | YBBN | 布里斯班 | 澳大利亚 | 100 | ZGSD | 三灶 | 珠海 |
| 68 | YMML | 墨尔本 | 澳大利亚 | 101 | ZGSZ | 宝安 | 深圳 |
| 69 | YSCB | 堪培拉 | 澳大利亚 | 102 | ZGWZ | 梧州 | 梧州 |
| 70 | ZBAA | 首都 | 北京 | 103 | ZGYJ | 合山 | 阳江 |
| 71 | ZBAD | 大兴 | 北京 | 104 | ZGZH | 白莲 | 柳州 |
| 72 | ZBCF | 赤峰 | 赤峰 | 105 | ZGZJ | 湛江 | 湛江 |
| 73 | ZBCZ | 长治 | 长治 | 106 | ZHCC | 新郑 | 郑州 |
| 74 | ZBDT | 大同 | 大同 | 107 | ZHES | 许家坪 | 恩施 |
| 75 | ZBHD | 邯郸 | 邯郸 | 108 | ZHHH | 天河 | 武汉 |
| 76 | ZBHH | 白塔 | 呼和浩特 | 109 | ZHLY | 洛阳 | 洛阳 |
| 77 | ZBLA | 海拉尔 | 呼伦贝尔 | 110 | ZHNY | 姜营 | 南阳 |
| 78 | ZBMZ | 满洲里 | 满洲里 | 111 | ZHXF | 刘集 | 襄樊 |
| 79 | ZBOW | 包头 | 包头 | 112 | ZHYC | 三峡 | 宜昌 |
| 80 | ZBSH | 秦皇岛 | 秦皇岛 | 113 | ZJHK | 美兰 | 海口 |
| 81 | ZBSJ | 正定 | 石家庄 | 114 | ZJSY | 凤凰 | 三亚 |
| 82 | ZBTJ | 滨海 | 天津 | 115 | ZLAK | 安康 | 安康 |
| 83 | ZBTL | 通辽 | 通辽 | 116 | ZLDH | 敦煌 | 敦煌 |
| 84 | ZBUH | 乌海 | 乌海 | 117 | ZLGM | 格尔木 | 格尔木 |
| 85 | ZBUL | 乌兰浩特 | 乌兰浩特 | 118 | ZLHZ | 汉中 | 汉中 |
| 86 | ZBXH | 锡林浩特 | 锡林浩特 | 119 | ZLIC | 河东 | 银川 |
| 87 | ZBYC | 运城 | 运城 | 120 | ZLJQ | 嘉峪关 | 嘉峪关 |
| 88 | ZBYN | 武宿 | 太原 | 121 | ZLLL | 中川 | 兰州 |
| 89 | ZGBH | 福成 | 北海 | 122 | ZLQY | 西峰 | 庆阳 |

| 编　号 | 四字代码 | 名　称 | 国家地区 | 编　号 | 四字代码 | 名　称 | 国家地区 |
|---|---|---|---|---|---|---|---|
| 123 | ZLXN | 曹家堡 | 西宁 | 156 | ZSNT | 兴东 | 南通 |
| 124 | ZLXY | 咸阳 | 西安 | 157 | ZSOF | 骆岗 | 合肥 |
| 125 | ZLYA | 延安 | 延安 | 158 | ZSPD | 浦东 | 上海 |
| 126 | ZLYL | 西沙 | 榆林 | 159 | ZSQD | 胶东 | 青岛 |
| 127 | ZPBS | 保山 | 保山 | 160 | ZSQZ | 晋江 | 泉州 |
| 128 | ZPDL | 荒草坝 | 大理 | 161 | ZSSS | 虹桥 | 上海 |
| 129 | ZPDQ | 中甸 | 迪庆 | 162 | ZSTX | 屯溪 | 黄山 |
| 130 | ZPLC | 博尚 | 临沧 | 163 | ZSWF | 潍坊 | 潍坊 |
| 131 | ZPLJ | 三义 | 丽江 | 164 | ZSWH | 大水泊 | 威海 |
| 132 | ZPMS | 芒市 | 德宏 | 165 | ZSWX | 硕放 | 无锡 |
| 133 | ZPPP | 巫家坝 | 昆明 | 166 | ZSWY | 武夷山 | 武夷山 |
| 134 | ZPSM | 思茅 | 思茅 | 167 | ZSXZ | 观音 | 徐州 |
| 135 | ZPZT | 昭通 | 昭通 | 168 | ZSYN | 盐城 | 盐城 |
| 136 | ZSAM | 高崎 | 厦门 | 169 | ZSYT | 莱山 | 烟台 |
| 137 | ZSAQ | 安庆 | 安庆 | 170 | ZSYW | 义乌 | 义乌 |
| 138 | ZSCG | 奔牛 | 常州 | 171 | ZSZS | 普陀山 | 舟山 |
| 139 | ZSCN | 昌北 | 南昌 | 172 | ZUAS | 黄果树 | 安顺 |
| 140 | ZSFY | 阜阳 | 阜阳 | 173 | ZUBD | 邦达 | 昌都 |
| 141 | ZSFZ | 长乐 | 福州 | 174 | ZUCK | 江北 | 重庆 |
| 142 | ZSGS | 井冈山 | 井冈山 | 175 | ZUDX | 河市坝 | 达县 |
| 143 | ZSGZ | 黄金 | 赣州 | 176 | ZUGH | 广汉 | 广汉 |
| 144 | ZSHC | 萧山 | 杭州 | 177 | ZUGU | 盘龙 | 广元 |
| 145 | ZSJD | 罗家 | 景德镇 | 178 | ZUGY | 龙洞堡 | 贵阳 |
| 146 | ZSJG | 济宁 | 济宁 | 179 | ZUJZ | 黄龙 | 九寨 |
| 147 | ZSJJ | 庐山 | 九江 | 180 | ZULS | 贡嘎 | 拉萨 |
| 148 | ZSJN | 遥墙 | 济南 | 181 | ZULZ | 蓝田 | 泸州 |
| 149 | ZSJU | 衢州 | 衢州 | 182 | ZUMY | 南郊 | 绵阳 |
| 150 | ZSLG | 白塔埠 | 连云港 | 183 | ZUNC | 高坪 | 南充 |
| 151 | ZSLO | 冠豸山 | 连城 | 184 | ZUSN | 遂宁 | 遂宁 |
| 152 | ZSLQ | 黄岩 | 台州 | 185 | ZUTR | 大兴 | 铜仁 |
| 153 | ZSLY | 临沂 | 临沂 | 186 | ZUUU | 双流 | 成都 |
| 154 | ZSNB | 栎社 | 宁波 | 187 | ZUWX | 五桥 | 万县 |
| 155 | ZSNJ | 禄口 | 南京 | 188 | ZUYB | 菜坝 | 宜宾 |

| 编　号 | 四字代码 | 名　称 | 国家地区 | 编　号 | 四字代码 | 名　称 | 国家地区 |
|---|---|---|---|---|---|---|---|
| 189 | ZUZH | 保安营 | 攀枝花 | 207 | ZWSH | 喀什 | 喀什 |
| 190 | ZUAS | 黄果树 | 安顺 | 208 | ZWTC | 塔城 | 塔城 |
| 191 | ZUBD | 邦达 | 昌都 | 209 | ZWTN | 和田 | 和田 |
| 192 | ZUCK | 江北 | 重庆 | 210 | ZWWW | 地窝堡 | 乌鲁木齐 |
| 193 | ZUDX | 河市坝 | 达县 | 211 | ZWYN | 伊宁 | 伊宁 |
| 194 | ZUGH | 广汉 | 广汉 | 212 | ZYCC | 龙嘉 | 长春 |
| 195 | ZUGU | 盘龙 | 广元 | 213 | ZYCY | 朝阳 | 朝阳 |
| 196 | ZUGY | 龙洞堡 | 贵阳 | 214 | ZYDD | 浪头 | 丹东 |
| 197 | ZUJZ | 黄龙 | 九寨 | 215 | ZYHB | 太平 | 哈尔滨 |
| 198 | ZULS | 贡嘎 | 拉萨 | 216 | ZYHE | 黑河 | 黑河 |
| 199 | ZULZ | 蓝田 | 泸州 | 217 | ZYJM | 佳木斯 | 佳木斯 |
| 200 | ZWAK | 阿克苏 | 阿克苏 | 218 | ZYJZ | 小岭子 | 锦州 |
| 201 | ZWAT | 阿勒泰 | 阿勒泰 | 219 | ZYMD | 海浪 | 牡丹江 |
| 202 | ZWCM | 且末 | 且末 | 220 | ZYQQ | 三家子 | 齐齐哈尔 |
| 203 | ZWKC | 库车 | 库车 | 221 | ZYTL | 周水子 | 大连 |
| 204 | ZWKL | 库尔勒 | 库尔勒 | 222 | ZYTX | 桃仙 | 沈阳 |
| 205 | ZWKM | 克拉玛依 | 克拉玛依 | 223 | ZYYJ | 朝阳川 | 延吉 |
| 206 | ZWKN | 喀纳斯 | 喀纳斯 | | | | |

# 附录 C 常用机型性能数据图

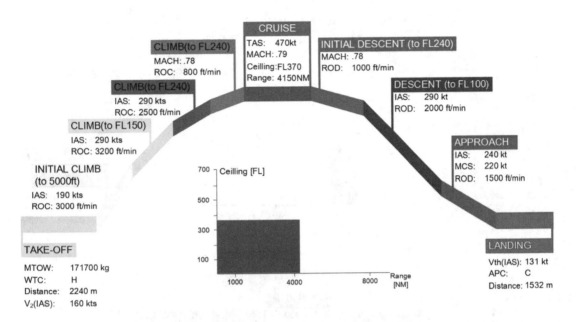

图 C-1 空中客车 A300-600

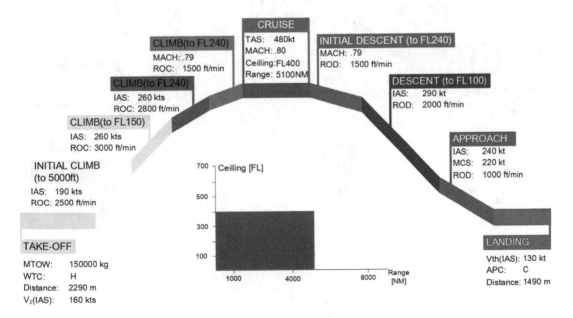

图 C-2 空中客车 A310

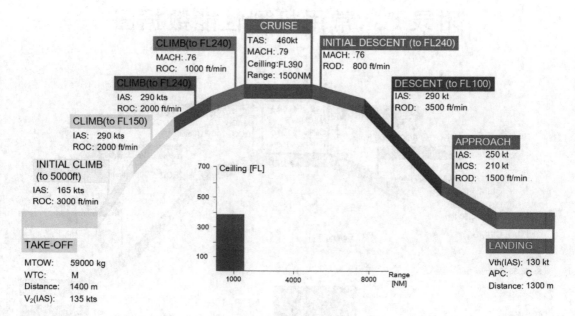

图 C - 3　空中客车 A318

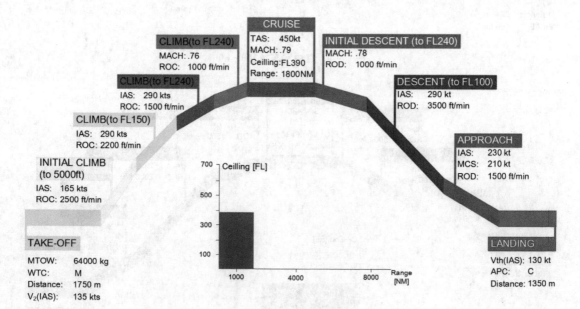

图 C - 4　空中客车 A319

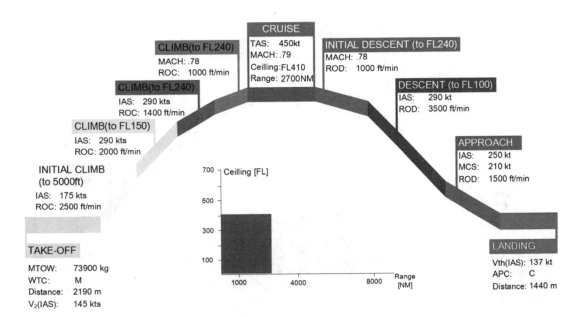

图 C - 5　空中客车 A320

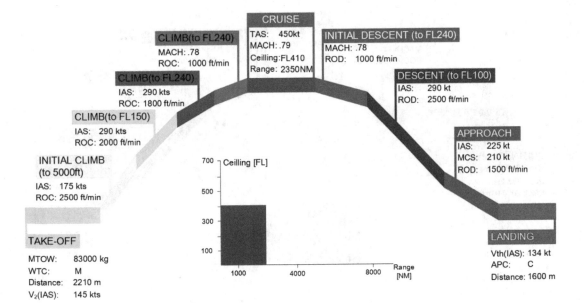

图 C - 6　空中客车 A321

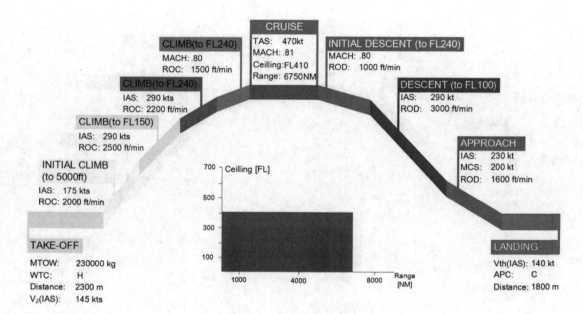

图 C - 7　空中客车 A330 - 200

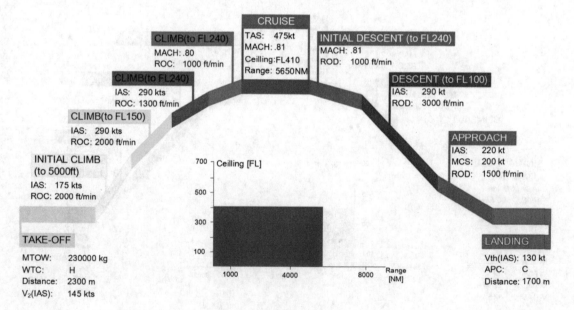

图 C - 8　空中客车 A330 - 300

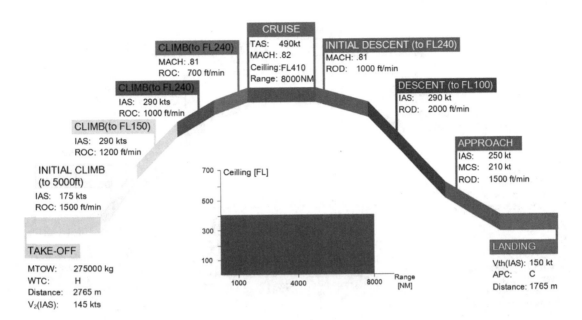

图 C - 9　空中客车 A340 - 200

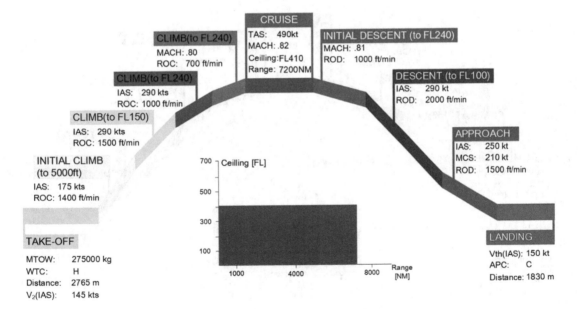

图 C - 10　空中客车 A340 - 300

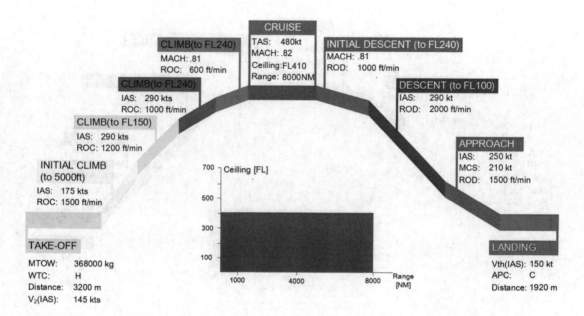

图 C‑11 空中客车 A340‑500

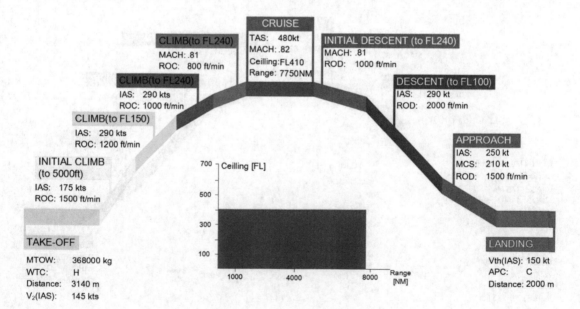

图 C‑12 空中客车 A340‑600

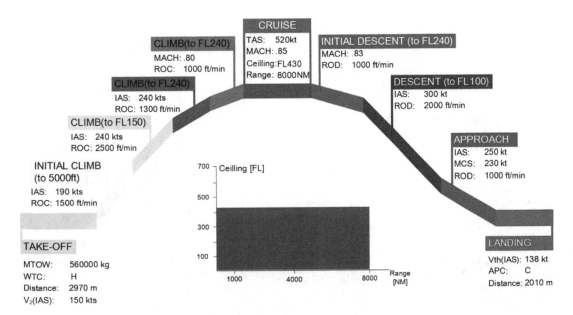

图 C - 13　空中客车 A380 - 800

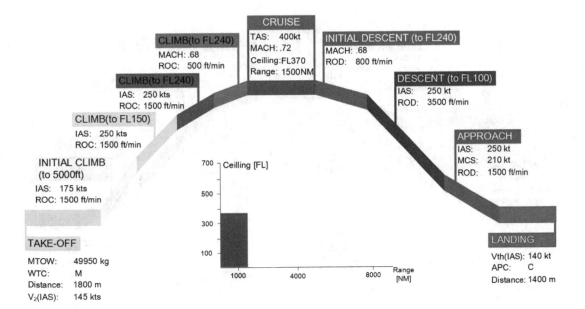

图 C - 14　波音 737 - 100

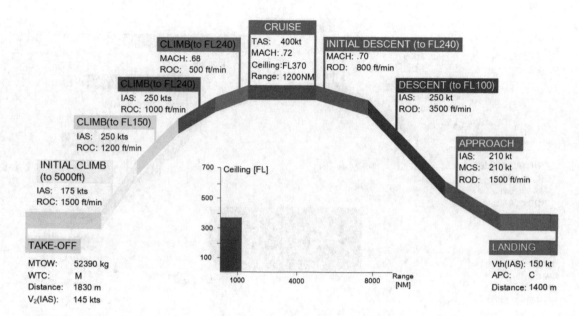

图 C - 15  波音 737 - 200

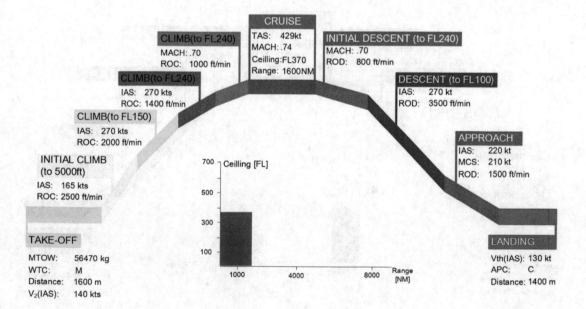

图 C - 16  波音 737 - 300

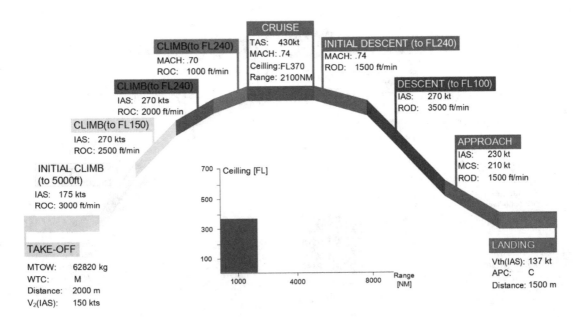

图 C - 17　波音 737 - 400

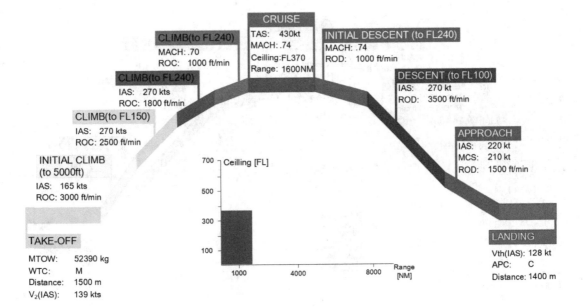

图 C - 18　波音 737 - 500

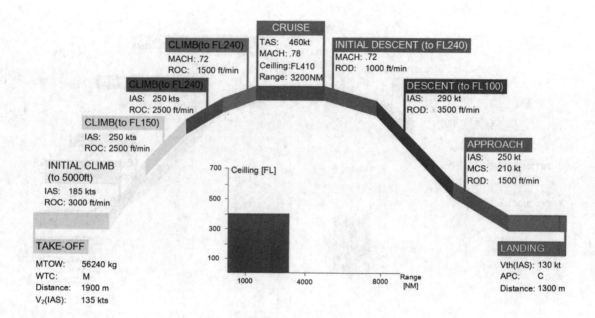

图 C - 19　波音 737 - 600

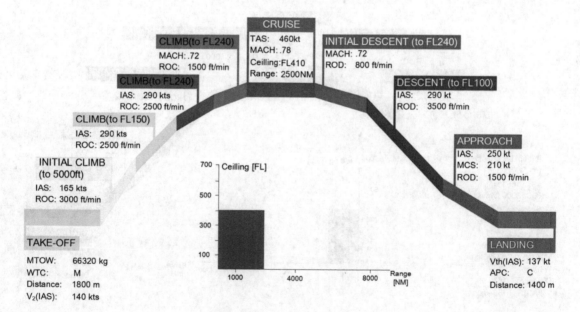

图 C - 20　波音 737 - 700

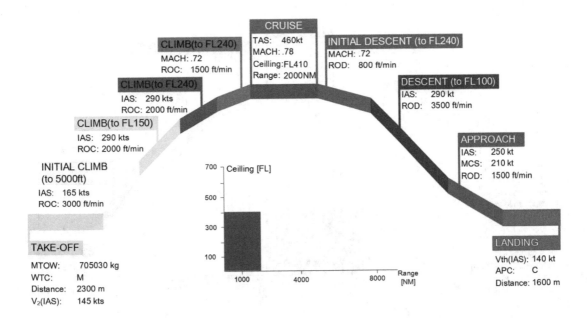

图 C - 21　波音 737 - 800

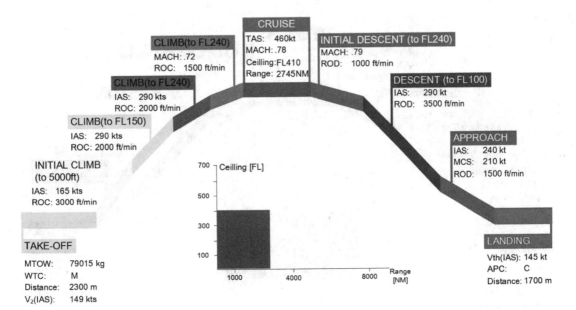

图 C - 22　波音 737 - 900

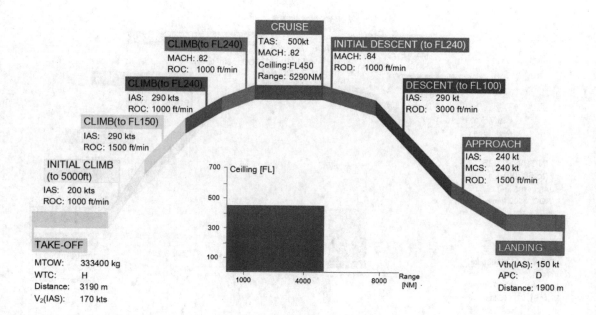

图 C-23　波音 747-100

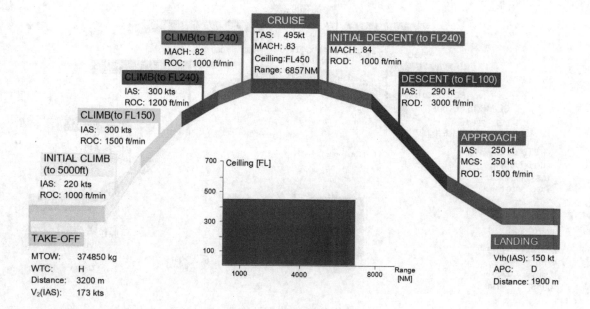

图 C-24　波音 747-200

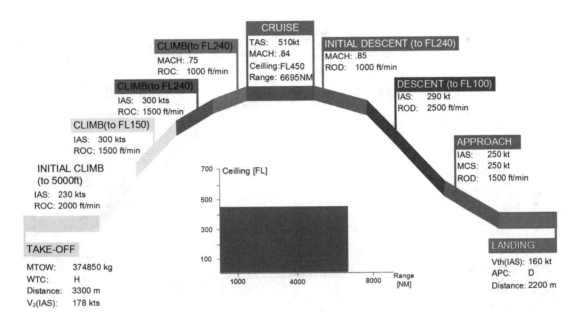

图 C - 25　波音 747 - 300

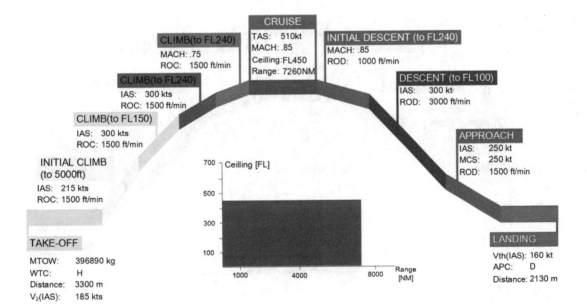

图 C - 26　波音 747 - 400

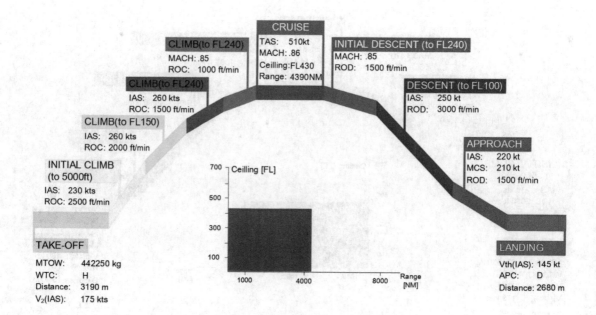

图 C - 27　波音 747 - 800

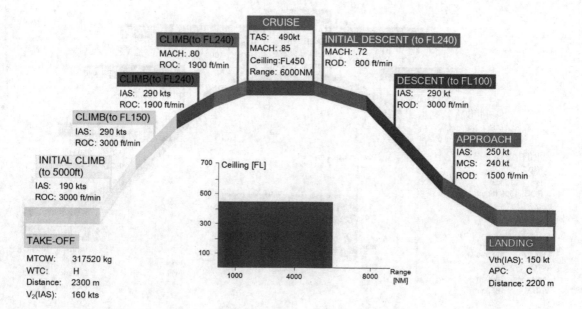

图 C - 28　波音 747SP

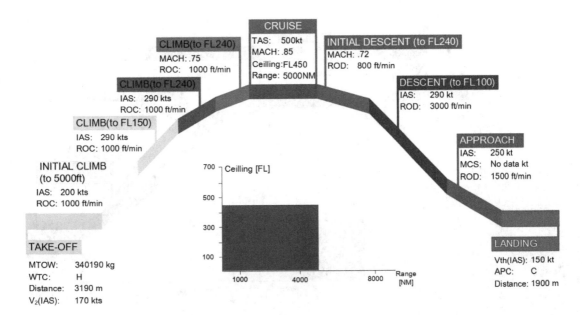

图 C-29 波音 747SR

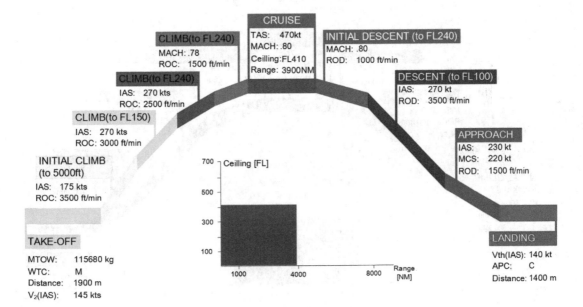

图 C-30 波音 757-200

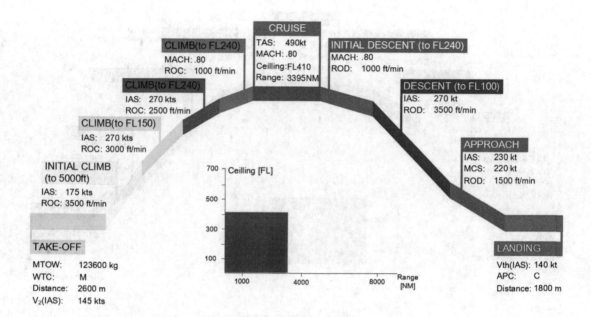

图 C - 31　波音 757 - 300

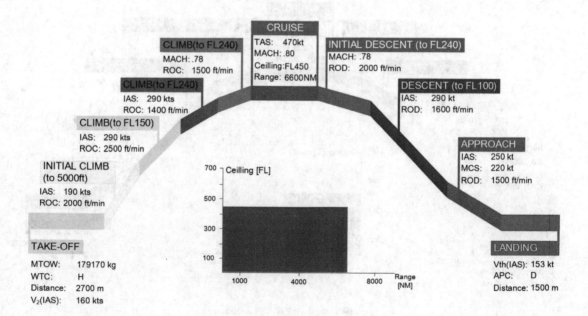

图 C - 32　波音 767 - 200

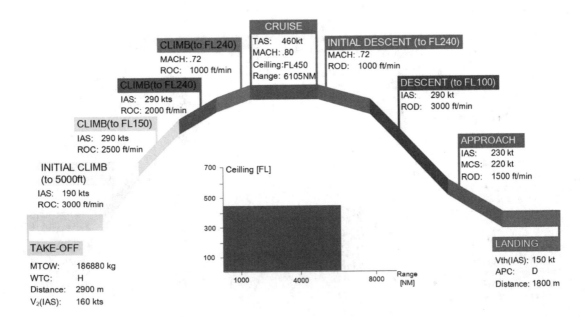

图 C-33　波音 767-300

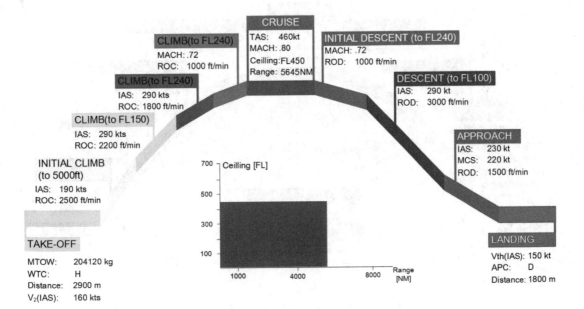

图 C-34　波音 767-400

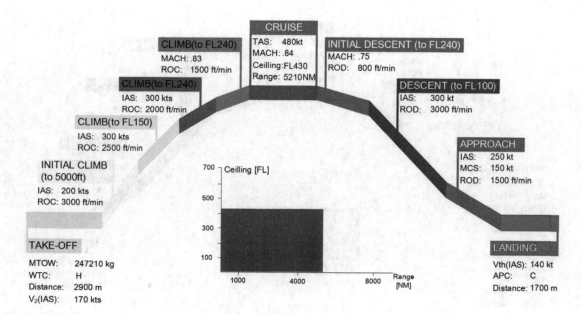

图 C - 35　波音 777 - 200

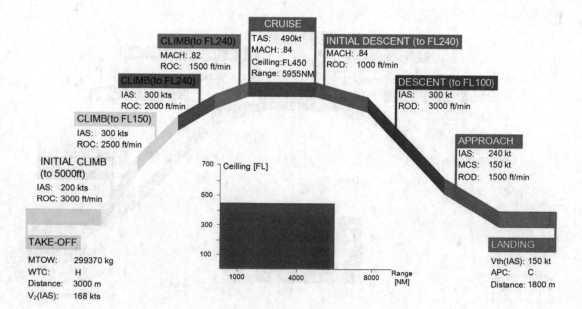

图 C - 36　波音 777 - 300

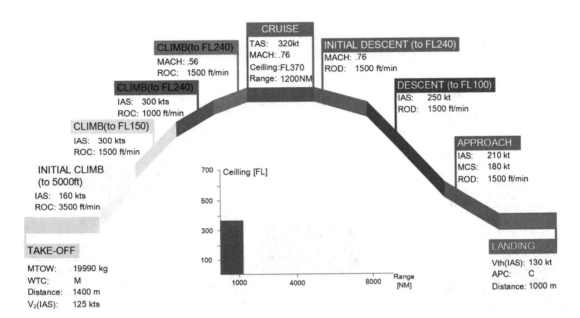

图 C – 37　ERJ – 135

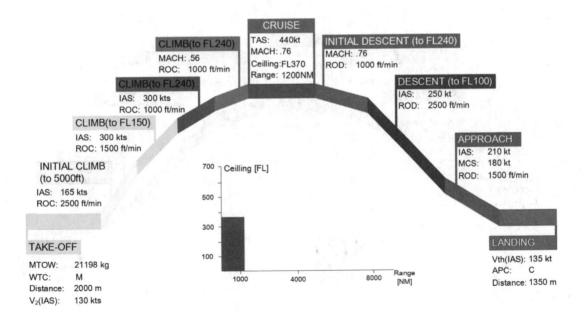

图 C – 38　ERJ – 145

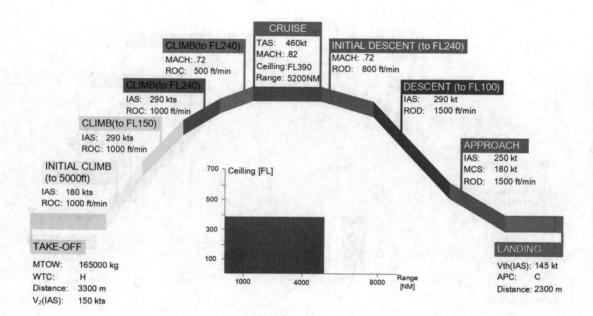

图 C - 39　　IL - 62

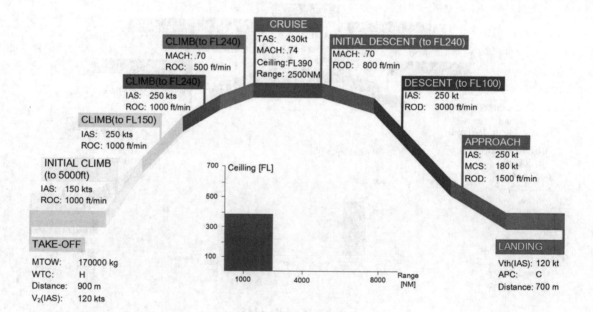

图 C - 40　　IL - 76

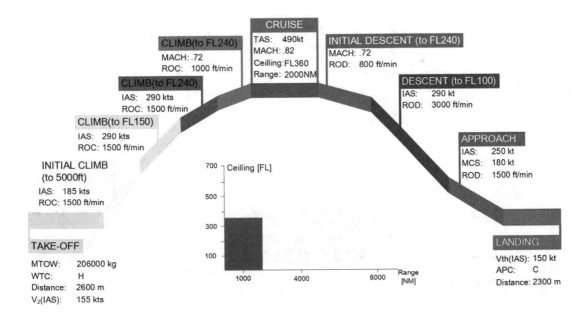

图 C - 41   IL - 86

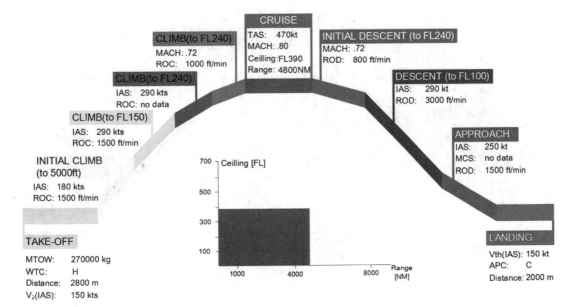

图 C - 42   IL - 96

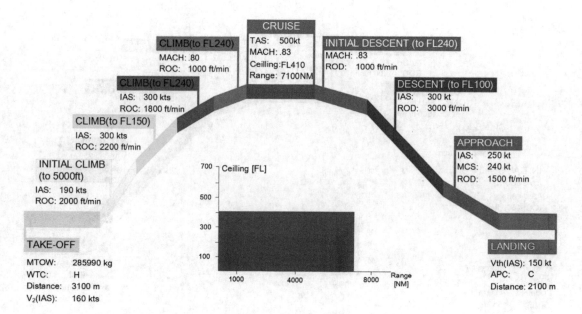

图 C - 43　　MD - 11

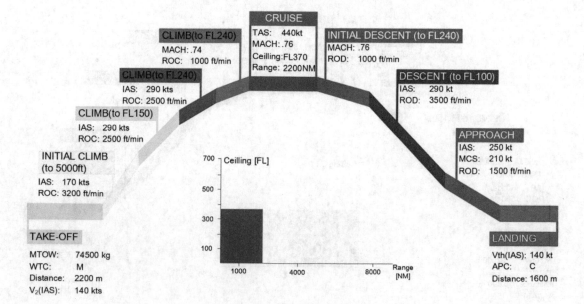

图 C - 44　　MD - 90

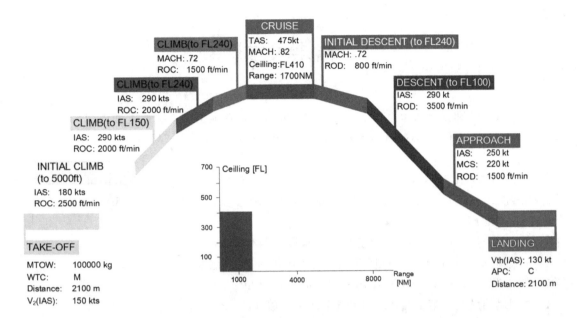

**CRUISE**
TAS:　475kt
MACH: .82
Ceiling: FL410
Range: 1700NM

**CLIMB(to FL240)**
MACH: .72
ROC:　1500 ft/min

**INITIAL DESCENT (to FL240)**
MACH: .72
ROD:　800 ft/min

**CLIMB(to FL240)**
IAS:　290 kts
ROC: 2000 ft/min

**DESCENT (to FL100)**
IAS:　290 kt
ROD:　3500 ft/min

**CLIMB(to FL150)**
IAS:　290 kts
ROC: 2000 ft/min

**INITIAL CLIMB**
**(to 5000ft)**
IAS:　180 kts
ROC: 2500 ft/min

**APPROACH**
IAS:　250 kt
MCS:　220 kt
ROD:　1500 ft/min

**TAKE-OFF**
MTOW:　100000 kg
WTC:　M
Distance: 2100 m
V$_2$(IAS):　150 kts

**LANDING**
Vth(IAS): 130 kt
APC:　C
Distance: 2100 m

Ceiling [FL]
700
500
300
100
1000　4000　8000
Range [NM]

图 C - 45　　T - 154

# 参考文献

[1] 中华人民共和国交通运输部令 2022 年第 36 号.《民用航空空中交通管理规则》.

[2] International Civil Aviation Organization(ICAO) Doc4444. 2016 Air Traffic Management.

[3] Federal Aviation Administration(FAA) 7100. 65Y. 2019 Air Traffic Control.

[4] International Civil Aviation Organization(ICAO) Doc9426. 1984 Air Traffic Service Planning Manual.

[5] 吕宗平. 空管行业术语[M]. 北京:星球地图出版社,2014.

[6] 任成锁. Procedural Control[M]. 北京:中国民航出版社,2012.

[7] 隋东. 程序管制[M]. 北京:中国民航出版社,2012.

[8] 中国民用航空局第 122 号. 民用航空使用空域办法,2004.

[9] 中华人民共和国民航航空行业标准. 空中交通无线电通话用语:MH/T4014—2003.

[10] 中国民用航空局空中交通管理局. 空中交通无线电中文通话用语. 2019.

[11] 中华人民共和国民航航空行业标准. 飞行进程单:MH4011—2001.